图智能芯片

严明玉　范东睿　叶笑春　著

科学出版社

北京

内 容 简 介

本书首先详细介绍图的定义及其与人工智能认知智能阶段的关系，并系统介绍目前有望推动认知智能发展的图智能算法，即图神经网络算法的定义和主流模型。同时，基于图神经网络算法深入剖析加速图智能算法面临的挑战，给出图智能芯片的设计艺术。然后，以本书提出的图神经网络芯片设计为例，分析图智能芯片的具体设计核心和设计技术，并系统地归纳和分析图神经网络芯片设计的相关工作。最后，对图智能芯片的发展进行总结和展望。

本书适合计算机体系结构、微电子、集成电路、图智能芯片设计、通信等相关领域的科技人员参考，也可供高校相关专业的研究生学习。

图书在版编目（CIP）数据

图智能芯片 / 严明玉，范东睿，叶笑春著.—北京：科学出版社，2023.1
ISBN 978-7-03-072752-7

Ⅰ．①图… Ⅱ．①严…②范…③叶… Ⅲ．①人工神经网络计算机-VLSI芯片 Ⅳ．①TP389.1

中国版本图书馆 CIP 数据核字（2022）第 128682 号

责任编辑：魏英杰 / 责任校对：崔向琳
责任印制：吴兆东 / 封面设计：陈 敬

科 学 出 版 社 出版
北京东黄城根北街 16 号
邮政编码：100717
http://www.sciencep.com
涿州市般润文化传播有限公司 印刷
科学出版社发行 各地新华书店经销

*

2023 年 1 月第 一 版 开本：720×1000 B5
2024 年 1 月第二次印刷 印张：6
字数：119 000
定价：80.00 元
（如有印装质量问题，我社负责调换）

前　言

随着大数据时代信息量的爆炸式增长，图因其强大的信息表示能力，被用在越来越多的不同领域表示数据和知识。对于图，读者首先想到的是展示世间百态的图像，而本书讲述的图是指用于表征世间万物互联关系的抽象数据结构。大规模图数据可以表示丰富并蕴含逻辑关系的人类常识和专家规则。其中，图顶点定义可理解的符号化知识，不规则图拓扑结构表达图顶点之间的依赖、从属、逻辑规则等推理关系。人工智能认知智能阶段的到来也进一步提升了图与图智能算法的重要应用价值。图神经网络算法作为有望推进认知智能发展的图智能算法，在认知推理方面具有十分重要的作用。超大规模图神经网络被认为是推动认知智能发展强有力的推理方法，有望解决深度学习无法处理的关系推理、可解释性等一系列问题，并赋予机器常识、理解和认知能力，突破感知智能的天花板，形成更大的产业规模。

人工智能感知智能阶段的蓬勃发展离不开智能芯片提供的算力，而人工智能下一阶段——认知智能阶段也同样需要足够的算力来推动。然而，感知智能芯片提供的算力并不能满足图智能算法的特殊算力需求。因此，设计符合图智能算法特殊算力需求的芯片是学术界和工业界的重大前沿研究方向，研制面向图智能算法的专用芯片势在必行。图智能芯片将为图智能算法提供专属且高效的算力，是人工智能认知智能阶段起飞的推进剂，将推动认知智能高速发展。

在国家重点研发计划"云计算和大数据"重点专项"面向图计算的通用计算机技术与系统"、国家自然科学基金项目"后 E 级时代的新型高能效处理器体系结构"、中国科学院战略性先导科技专项(C 类)"处理器与基础软件关键技术专项课题实施方案"等多个科研项目的支持下，本书作者团队经过多年研究攻关，在图智能芯片设计领域，从理论研究到工程开发积累了一系列经验，并取得系统性的进展。本书旨在向读者介绍图与认知智能的关系，目前图智能算法给现有通用处理器芯片带来的挑战，以及图智能芯片的设计需求、设计思想、主流优化技术和未来的发展方向。

　　限于作者水平和相关技术的飞速发展，书中难免存在不妥之处，恳请各位读者批评指正。

作　者

目　　录

前言

第1章　绪论 ··· 1

1.1　人工智能三阶段 ·· 1

1.2　图神经网络 ··· 3

1.3　图智能芯片 ··· 4

1.4　本章小结 ··· 5

参考文献 ··· 5

第2章　人工智能的发展 ··· 6

2.1　运算智能 ··· 6

2.1.1　早期人工智能 ··· 6

2.1.2　博弈中的应用 ··· 7

2.2　感知智能 ··· 7

2.2.1　算法理论的发展 ····································· 8

2.2.2　硬件的推动 ··· 14

2.2.3　应用实践的开发 ··································· 17

2.3　认知智能 ·· 19

2.4　本章小结 ·· 21

参考文献 ··· 21

第3章　图与认知智能 ·· 23

3.1　无处不在的图 ·· 23

3.1.1　图的定义 ·· 23

3.1.2　图的应用 ·· 28

3.2　图与认知智能的关系 ······································ 30

3.2.1　图表示蕴含知识 ··································· 30

3.2.2　图结构支撑关系推理 ···························· 31

3.3　本章小结 ·· 33

参考文献 ··· 33

第4章　图神经网络 ··· 34

4.1　图神经网络的定义 ……………………………………………… 34

　　4.1.1　什么是图神经网络 ……………………………………… 34

　　4.1.2　图神经网络与神经网络的异同 ………………………… 35

4.2　图神经网络的重要性 …………………………………………… 36

4.3　图神经网络的主流模型 ………………………………………… 37

　　4.3.1　典型图神经网络模型 …………………………………… 38

　　4.3.2　图卷积网络 ……………………………………………… 41

4.4　本章小结 ………………………………………………………… 43

参考文献 ……………………………………………………………… 43

第5章　图神经网络的挑战 …………………………………………… 45

5.1　现代主流执行平台 ……………………………………………… 45

5.2　图神经网络的执行分析 ………………………………………… 48

5.3　图神经网络的执行挑战 ………………………………………… 51

　　5.3.1　计算的挑战 ……………………………………………… 52

　　5.3.2　访存的挑战 ……………………………………………… 53

　　5.3.3　灵活性与可编程性 ……………………………………… 53

5.4　本章小结 ………………………………………………………… 54

参考文献 ……………………………………………………………… 54

第6章　图神经网络芯片设计 ………………………………………… 55

6.1　图神经网络芯片的设计艺术 …………………………………… 55

　　6.1.1　摩尔定律放缓和登纳德缩放比例定律失效 …………… 55

　　6.1.2　面向专用领域的设计 …………………………………… 56

6.2　图神经网络算法到芯片的映射 ………………………………… 57

　　6.2.1　图神经网络编程模型 …………………………………… 58

　　6.2.2　编程模型到芯片的映射 ………………………………… 59

6.3　图神经网络芯片设计案例 ……………………………………… 60

　　6.3.1　HyGCN 设计思想 ……………………………………… 61

　　6.3.2　HyGCN 应对计算层次挑战 …………………………… 61

　　6.3.3　HyGCN 应对片上访存层次挑战 ……………………… 63

　　6.3.4　HyGCN 应对片外访存层次挑战 ……………………… 64

　　6.3.5　实验分析 ………………………………………………… 65

6.4　图神经网络芯片相关工作 ……………………………………… 69

　　6.4.1　计算层次关键技术 ……………………………………… 69

　　　6.4.2　片上访存层次关键技术 ……………………………………… 71

　　　6.4.3　片外访存层次关键技术 ……………………………………… 76

　6.5　本章小结 ………………………………………………………………… 79

　参考文献 ……………………………………………………………………… 80

第 7 章　图智能芯片的发展与展望 ……………………………………………… 82

　7.1　图结构数据 ……………………………………………………………… 82

　7.2　图智能算法 ……………………………………………………………… 83

　7.3　图智能芯片 ……………………………………………………………… 84

　7.4　本章小结 ………………………………………………………………… 86

　参考文献 ……………………………………………………………………… 86

第1章 绪 论

人工智能(artificial intelligence，AI)在 1956 年作为一门新兴学科被正式提出。此后，人工智能取得了惊人的成就。目前，人工智能已经到达感知智能的天花板。随着大数据时代信息量的爆炸式增长，图因其强大的信息表示能力，越来越多地应用于各个领域，挖掘数据的潜在价值。认知智能时代的到来进一步提升了图与图智能算法的应用价值。图神经网络(graph neural network，GNN)算法作为图智能算法的代表，在认知推理方面具有十分重要的作用。为了满足图神经网络算法对算力的特殊需求，设计专用的芯片成为可行的选择。图智能芯片将成为感知智能迈向认知智能的推进剂。

1.1 人工智能三阶段

基于目前人工智能的发展，人工智能从低到高可以分为运算智能、感知智能和认知智能三个阶段(图 1-1)[1]。这一划分方式得到业界的广泛认可。

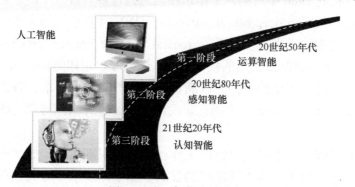

图 1-1 人工智能发展阶段

(1) 运算智能阶段。运算智能阶段是人工智能的最初级阶段，主要实现"能存会算"，即机器具备记忆存储和快速计算的能力。

(2) 感知智能阶段。感知智能阶段建立在运算智能的基础上，主要实现"能听会说、能看会认"，即机器具备听觉、视觉、触觉等感知能力。

(3) 认知智能阶段。认知智能阶段是更为高级的发展阶段，主要实现"能理解会思考",即机器具备思考、判断、分析、理解等认知能力。

1. 运算智能阶段

早在 1943 年,人们就开始了神经网络的研究。"人工智能"这一术语在 1956 年由约翰·麦卡锡提出,标志着人工智能的兴起。在此后的几十年,人工智能的研究集中在定理证明、模式识别等方面。同时,运算智能在博弈中的应用也取得巨大成功。1956 年,塞缪尔研究的跳棋程序击败他本人。1996 年,国际商业机器公司(International Business Machines Corporation, IBM)的"深蓝"计算机首次挑战国际象棋冠军卡斯帕罗夫,以 2:4 落败。1997 年,"深蓝"计算机运算速度达到每秒 2 亿步,并以 3.5:2.5 战胜卡斯帕罗夫。自此,人类很难在强运算的比赛中胜过计算机。由此可见,人工智能在计算与存储方面具有显著优势。

2. 感知智能阶段

随着技术的进步,在运算与存储的基础上,人工智能进入感知智能时代。在这一阶段,人工智能主要是在算法和硬件两方面取得突破。在算法层面,感知智能时代可以说是深度学习的时代。事实上,人们早在 1950 年就开始搭建电子神经网络,然而当时的设备算力很低,无法满足较大规模神经网络的算力需求。直到 1980 年后期,工作站性能达到每秒一百万个浮点乘法累加操作时,深度神经网络(deep neural networks, DNN)才真正变得实用可行。在硬件层面,低成本的通用图形处理器(general purpose graphic processing unit, GPGPU)成为神经网络最常用的硬件载体。随着摩尔定律走向终结,人们开始开发专门用于神经网络的架构,以满足日益增长的算力需求,谷歌的张量处理器(tensor processing unit, TPU)、寒武纪的 DianNao 系列等都是代表性的神经网络芯片。

在感知智能中,最具代表性的工作就是各类识别系统,如文本识别、语音识别、图像识别等。随着互联网的发展,基于深度学习与大数据分析,再加上硬件技术的支持,计算机在感知方面已经接近,甚至超过人类。

3. 认知智能阶段

当前,人工智能已经在感知层面取得巨大成就,然而却只能根据训练的结果进行简单的推断(inference),而非真正进行推理(reasoning)与思考。所谓推断,是从已知的信息中总结出经验,进而对同类事物进行判断。所谓推理,是对现有信息进行解释和演绎，进而创造新的知识，是从无到有的过程。

　　人们尝试建立知识图谱和认知图谱，研究知识表示与认知推理的方法。超大规模图神经网络被认为是推动认知智能发展强有力的推理方法，正在推动人工智能从感知智能向认知智能迈进。2018 年，YoshuaBengio、张钹，以及阿里达摩院研究人员都谈及感知智能已触及天花板，认知智能势在必行。

1.2　图神经网络

　　在深度学习技术的推动下，人工智能在感知层面取得重要成果和广泛的应用，但仍然停留于感知智能层面[1]。

　　图是一种用于表征世间万物互联关系的抽象数据结构。图结构数据包含顶点和边两种元素。顶点表示对象，边表示对象之间的关系。在大数据时代，归功于超强的信息表示能力，图已经成为各个领域广泛采用的基本数据表示形式。如图 1-2 所示，图无处不在，我们的日常生活中隐藏着诸多图结构数据的身影。图神经网络是将深度学习算法扩展到图结构的新兴智能算法，被广泛应用于推荐、搜索和风险控制等重要领域。随着人工智能迈入认知智能发展阶段，图神经网络受到学术界和工业界的广泛关注，已经成为许多企业非常重要的应用之一。图神经网络的相关算法被广泛部署于各大主流的数据中心，如阿里巴巴、谷歌、亚马逊等数据中心。值得注意的是，阿里巴巴在

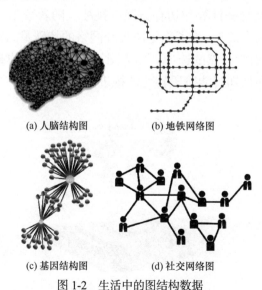

(a) 人脑结构图　　　　　(b) 地铁网络图

(c) 基因结构图　　　　　(d) 社交网络图

图 1-2　生活中的图结构数据

2019 年开源了工业级图表征学习框架 Euler，并在相关的人工智能会议发表多篇关于图神经网络在推荐、风控等业务中的应用论文。腾讯也在 2019 年开源了高性能图计算框架 Plato，同样发表多篇关于图神经网络在推荐等业务中的应用论文。包括旷世等许多国内知名企业已经将图神经网络应用于视觉、推荐、风控等业务。

　　深度学习技术已经触及感知智能的天花板。随着图在各大领域的广泛应用，图智能算法在人工智能向认知智能阶段不断演进的过程中，扮演着更加重要的角色。阿里达摩院曾在 2019 年和 2020 年的《十大科技趋势》展望中表示，未来人工智能热潮能否进一步打开天花板，形成更大的产业规模，认知智能的突破是关键；超大规模图神经网络被认为是推动认知智能发展强有力的推理方法，有望解决深度学习无法处理的关系推理、可解释性等一系列问题；赋予机器常识、理解和认知能力，将推动人工智能从感知智能向认知智能迈进[2-4]。

1.3　图智能芯片

　　图神经网络具有两个重要执行阶段，即图遍历阶段和神经网络变换阶段。这两个阶段分别表现出不规则的执行行为和规则执行行为，导致图神经网络产生混合执行行为。虽然图神经网络具有强大的推理能力，但其独特的执行特征给传统处理器带来计算和访存方面的挑战。随着摩尔定律的放缓和登纳德缩放比例定律的失效[5]，为了满足图神经网络的特殊算力需求，研究专用的加速芯片(图 1-3)成为必然的选择。作为图神经网络算法的载体，图智能芯片是促进人工智能向认知智能阶段转变的推进剂。

图 1-3　人脑与图智能芯片

1.4 本 章 小 结

本章首先介绍人工智能发展的三个阶段，指出人工智能正从感知智能向认知智能迈进。然后，阐述图神经网络对于认知智能的重要意义，并介绍图智能芯片。本章由浅入深，可以使读者认识到图神经网络与图智能芯片对人工智能发展的重要意义。

参 考 文 献

[1] 唐杰. 认知图谱——人工智能的下一个瑰宝. 中国计算机学会通信, 2020, 16(8):8-10.

[2] 严明玉, 叶笑春, 范东睿. 图神经网络加速芯片: 人工智能认知智能阶段起飞的推进剂. 中国计算机学会通信, 2020, 16(10): 36-44.

[3] 阿里巴巴达摩院. 达摩院 2019 十大科技趋势. https://damo.alibaba.com/events/50 [2020-8-18].

[4] 阿里巴巴达摩院. 达摩院 2020 十大科技趋势. https://damo.alibaba.com/events/57 [2020-8-18].

[5] Hennessy J L, Patterson D A. A new golden age for computer architecture. Communications of the ACM, 2019, 62(2): 48-60.

第 2 章　人工智能的发展

　　根据发展程度，人工智能可以分为运算智能、感知智能、认知智能三个阶段。本章基于这三个阶段，对人工智能的理论发展和应用实践进行介绍。值得注意的是，三个阶段的研究成果并非严格按照时间顺序排布。

2.1　运　算　智　能

　　运算智能是人工智能发展的第一阶段。在此阶段，计算机的主要优势在于快速记忆与存储能力。早期的运算智能以定理证明与模式识别为主。人工智能在博弈游戏中的设计也属于十分典型的运算智能。

2.1.1　早期人工智能

　　人工智能这个概念正式诞生于 1956 年。1956 年夏季，当时达特茅斯大学的约翰·麦卡锡发起关于机器智能的学术研讨会。在会议上，约翰·麦卡锡正式提出人工智能，因此被称为人工智能之父。

　　如图 2-1 所示，在接下来的 10 多年，人工智能在机器学习与模式识别方面取得重大进步。1958 年，罗森布拉特设计出第一个计算机神经网络——感知机，成功模拟了人脑的运作方式。同年，约翰·麦卡锡发明 Lisp 编程语言。这是第一个函数式程序语言，使用表结构表达非数值计算问题。发展至今，

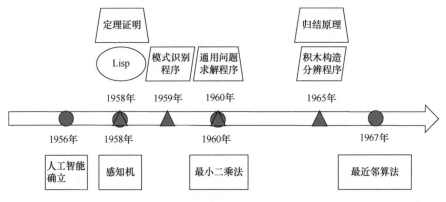

图 2-1　早期人工智能的发展

Lisp 已成为最有影响力的人工智能语言之一。1959 年，塞尔夫里奇推出模式识别程序。1960 年，维德罗首次将 Delta 学习规则用于感知机训练(最小二乘法)，创造了一个良好的线性分类器。1965 年，罗伯特编写了可分辨积木构造的程序。1967 年，最近邻(K-nearest neighbor，KNN)算法被提出，计算机可以进行简单的模式识别。

在定理证明与问题求解等方面，1958 年王浩在 IBM-704 机器上证明了《数学原理》中的 220 条命题演算定理。1960 年，纽厄尔总结出人们求解问题的思维规律，编写通用问题求解器(general problem solver，GPS)，能求解 11 种不同类型的问题。1965 年，鲁滨逊提出归结原理，这是一种应用反证法的定理证明技术，为定理的机器证明做出了突破性贡献。

2.1.2　博弈中的应用

人工智能在博弈中的应用也取得举世瞩目的成就。早在 1956 年，塞缪尔就研制出跳棋程序。经过不断的学习，1959 年这个程序已经能击败塞缪尔。1991 年，IBM 公司的"深思"计算机与澳大利亚象棋冠军约翰森的比赛结果为 1∶1 平局。1996 年，"深蓝"计算机以 4∶2 的成绩战胜国际象棋冠军卡斯帕罗夫。人工智能在博弈中的应用如图 2-2 所示。

图 2-2　人工智能在博弈中的应用

2016 年，谷歌的 AlphaGo 以 4∶1 的成绩战胜围棋世界冠军李世石。2017 年，AlphaGo 又以 3∶0 战胜排名世界第一的围棋冠军柯洁。与早期的下棋系统不同，AlphaGo 应用深度学习、蒙特卡罗树搜索等技术，使多层神经网络为 AlphaGo 带来强大的学习计算能力。由此可见，计算机充分发挥计算与存储方面的优势，对于强运算的比赛模式，人工智能已经完胜人类。

2.2　感　知　智　能

感知智能，即计算机具备听觉、视觉、触觉等感知能力。感知智能建立在运算智能的基础上，主要实现"能听会说、能看会认"。典型的应用就是各类识别系统。

感知智能的实现依赖深度神经网络的发展，由于计算量庞大，深度神经网络的实现也离不开硬件的支持。随着互联网时代的到来，基于深度神经网络和大数据的支持，计算机在感知方面已经十分接近人类。本节从算法理论、硬件支持和应用实践三个方面介绍感知智能。

2.2.1　算法理论的发展

在算法层面，感知智能时代可以说是深度学习的时代。深度学习与人工智能的关系如图 2-3 所示。深度学习属于人工神经网络(artificial neural network, ANN)的子集，神经网络又是机器学习的子集，机器学习属于人工智能的子领域。人工神经网络经历了单层感知机、多层感知机、深度学习三个阶段。下面通过介绍神经网络发展历程来阐述深度学习理论。

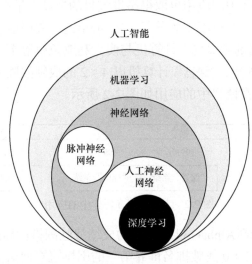

图 2-3　深度学习与人工智能的关系

1. 第一代神经网络——单层感知机

第一代神经网络主要为单层感知机，大致发展历程如图 2-4 所示。

图 2-4　第一代神经网络发展历程

1) MCP 模型

多年来，人们一直尝试建立一个可以模拟人脑的机器。神经学家 McCulloch 和逻辑学家 Pitts 模仿人脑中的神经元突触结构(图 2-5(a))构建了一个计算机模型——MCP 模型[1](图 2-5(b))。MCP 模型被称为人工神经网络的原型，开创了神经网络的研究方向[2]。

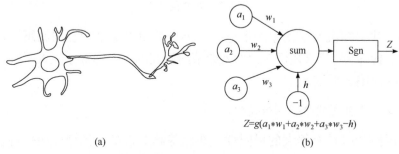

$$Z=g(a_1*w_1+a_2*w_2+a_3*w_3-h)$$

(a)   (b)

图 2-5   神经元突触结构和 MCP 模型

2) 感知机

1958 年，Rosenblatt 提出第一个真正意义上的人工神经网络，也就是感知机[3]。单层感知机拓扑结构如图 2-6 所示。这是一种具有单层计算单元的神经网络结构，感知机的提出掀起了人工神经网络研究的第一次热潮。当时，人们乐观地认为，只要无限增加神经元就可以解决一切问题。

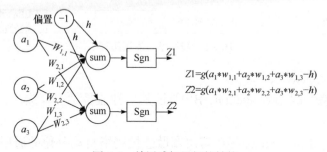

$$Z1=g(a_1*w_{1,1}+a_2*w_{1,2}+a_3*w_{1,3}-h)$$
$$Z2=g(a_1*w_{2,1}+a_2*w_{2,2}+a_3*w_{2,3}-h)$$

图 2-6   单层感知机拓扑结构

3) 单层感知机的局限性

第一波热潮持续了大概 10 年，直到 1969 年 Minsky 和 Papert 出版《感知机》。《感知机》指出了简单神经网络的局限性，即简单神经网络不能解决 XOR 问题和非线性问题。XOR 问题如图 2-7 所示。简单神经网络无法找到一条直线将(0, 1)和(1, 0)划分到同一个区域，并同时将(0,0)和(1,1)划分到同一个区域。

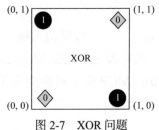

图 2-7　XOR 问题

第一代感知机能对简单图形进行分类，然而单层结构会限制感知机的学习能力。1969 年，《感知机》为如火如荼的研究泼了一盆凉水，人工神经网络的研究一时陷入低潮。

2. 第二代神经网络——浅层学习

单层感知机具有很大的局限性，在此基础上，第二代神经网络将感知机扩展为多层，解决感知机的非线性问题。由于层数较少，这一时期的网络也被称为浅层学习网络。浅层学习发展历程如图 2-8 所示。

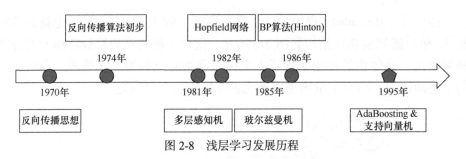

图 2-8　浅层学习发展历程

1) 反向传播思想

反向传播(back propagation，BP)算法是一种监督学习算法，常用于训练多层感知机。

1970 年，Linnainmaa 提出解决离散连接网络自动分化的通用方法。该方法第一次提出反向传播思想。1974 年，Werbos 提出反向传播算法，并将其应用于人工神经网络，然而此时人工神经网络的研究陷入低潮，Werbos 的研究并未引起人们的广泛关注。

2) 多层感知机

1981 年，Werbos 在反向传播算法中提出多层感知机(multi layer perceptron，MLP)模型。具有一个隐藏层的多层感知机如图 2-9 所示。它在输入输出层之间添加隐藏层，能够求解非线性问题。

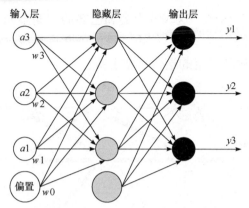

图 2-9 具有一个隐藏层的多层感知机

1982 年,Hopfield 提出 Hopfield 网络[4],在求解 NP 问题(旅行商问题)上获得最好成绩,引起轰动。Hopfiled 网络是一种典型的全反馈网络。网络从某一初始态开始运动,最终收敛于稳定状态。图 2-10 所示为离散 Hopfield 网络(discrete Hopfield neural network,DHNN)的拓扑结构。连续 Hopfield 网络(continues Hopfield neural network,CHNN)的拓扑结构类似,只是激活函数是连续的 S 函数,一般使用 Sigmoid 函数。

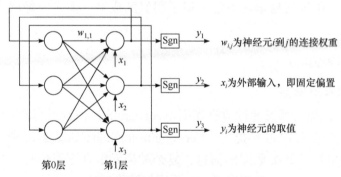

图 2-10 离散 Hopfield 网络的拓扑结构

3) 反向传播算法——梯度反馈

1985 年,Rumelhart、Hinton 和 Williams 提出随机神经网络模型玻尔兹曼机[5],后又改进为受限玻尔兹曼机(restricted Boltzmann machine,RBM)。

1986 年,Rumelhart、Hinton 和 Williams 发表论文,首次系统地介绍使用反向传播算法训练神经网络。这是一种多层感知机的误差反向传播算法,使用多个隐藏层,通过梯度链式法则[6],将输出和期望的差值通过梯度反馈到每一层的权重,让每一层都像感知机那样得到训练。多层感知机的反向传播算法示意图如图 2-11 所示。初始时所有的边权重都是随机的,数据输入后,神经网络被激活并观察输出。这些输出会和已知的、期望的输出比较，误差会传播回上一层，并根据误差调整权重。算法不断重复该过程，直到输出误差小于一定的范围或达到设定的迭代次数上限。

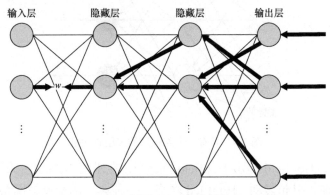

图 2-11　多层感知机的反向传播算法示意图

对于反向传播算法，当神经网络规模增大时会出现梯度消失的问题，并且很容易陷入局部最优解，并且当时计算机硬件的运算能力不足，反向传播算法受到很大限制。20 世纪 90 年代中期，Boosting、支持向量机(support vector machine，SVM)等浅层学习方法取得了很好的成果。人工神经网络的研究再次陷入寒冬。

3. 深度神经网络

1) 卷积神经网络

1988 年，福岛邦彦通过改进模型 Neocognitron 识别手写数字[7]。该模型最早由福岛邦彦于 1980 年提出。Neocognitron 原理图如图 2-12 所示。网络分成多层，简单神经元提取图形信息，复杂神经元组合图形信息，二者交替出现。显然，这是一个包含卷积层、池化层的网络结构。

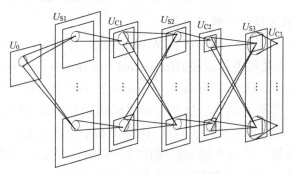

图 2-12　Neocognitron 原理图[7]

1998 年，LeCun 提出 LetNet-5[8]，将反向传播算法与福岛邦彦的模型相结合。LetNet-5 可以说是现代卷积神经网络(convolutional neural network，CNN)的雏形。图 2-13 所示为 LetNet-5 的整体架构。

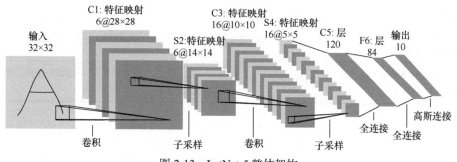

图 2-13　LetNet-5 整体架构

2) 深度学习提出

2006 年，Hinton 等[9]正式提出深度学习的概念，同时提出一种深度置信网络(deep belief nets，DBN)来解决训练过程中梯度消失的问题。深度置信网络方法先使用无监督的学习方法逐层训练算法，再使用有监督的反向传播算法进行调优。这种训练方法会降低学习隐藏层参数的难度，使训练时间与网络的大小和深度近乎呈线性关系。Hinton 的研究在学术圈引起巨大的反响，研究机构纷纷大力开展深度学习的相关研究，这股热潮很快蔓延到工业界。

3) 深度学习爆发

2012 年，在 ImageNet 图像识别大赛中，Hinton 等[10]采用深度学习模型 AlexNet 一举夺冠，并且识别率大幅度高于第二名。AlexNet 采用 ReLU 激活函数，从根本上解决了梯度消失问题，并由两块 NVIDIA GPU 进行计算，从而极大地提高运算速度。深度学习算法在世界大赛中脱颖而出，再一次吸引了学术界和工业界的目光。自此，深度学习真正开始腾飞。

从 AlexNet 开始，研究者使用深度学习解决各种问题。随着软件社区的发展，实现深度学习变得愈发容易，各种新颖的算法被提出。深度学习算法分类如表 2-1 所示。其中卷积神经网络是一种应用最为广泛的模型。卷积神经网络在 ImageNet 的 Top-1 结果如图 2-14 所示。

表 2-1　深度学习算法分类

分类	特点	应用
卷积神经网络	包含多个卷积层的前馈神经网络	自然语言处理(natural language processing，NLP)、语音处理、计算机视觉

续表

分类	特点	应用
递归神经网络(recursive neural network, RNN)	可以在层结构中预测，使用合成矢量对输出进行分类	自然语言处理
循环神经网络(recurrent neural network, RNN)	输入数据为序列，所有循环单元链式连接	自然语言处理、语音处理
深度生成网络(deep generative network, DGN)	帮助建立模型，无监督学习，泛化性好	数据生成、图像数据增强、辅助分类器训练

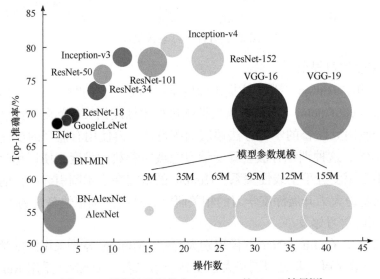

图 2-14　卷积神经网络在 ImageNet 的 Top-1 结果[11]

深度学习依赖模型结构的深度，通过逐层特征变换将样本元空间特征变换到一个新特征空间，从而使分类或预测更加容易。随着大数据时代的到来，在海量数据的支持下增大模型，可以极大地提高学习能力，使模型的正确率不断提高，深度学习成为近些年最热门的研究方向之一。

2.2.2　硬件的推动

现代人工智能由深度神经网络推动，而神经网络的历史可以追溯到 20 世纪 50 年代使用电子神经网络的早期实验[12]。60 多年来，神经网络的理论研究取得了巨大的成就。然而，算法必须依赖硬件执行。实际上，早期的神经网络算法一度受硬件的限制。神经网络的历史与硬件的发展息息相关。

1. 早期神经网络硬件

1957 年的感知机使用一台专用的模拟计算机，权重由电位计实现[3]。1961 年的 Adaline[13]则使用继电器表示权重。早期的神经网络都是通过专用模拟结构实现的。1969 年，随着《感知机》的出版，神经网络的研究陷入第一次寒冬。在之后的十几年里，人们并未对神经网络硬件进行过多关注。

20 世纪 60 年代的计算机十分笨重，随着集成电路的发展，计算机向小型化发展，同时性能飞速增长。1971 年，Intel 公司推出全球第一款商用微处理器 4004，成为一个重要里程碑。

20 世纪 80 年代，随着 Hopfield 网络和反向传播算法的提出，神经网络研究迎来第二次热潮。人们逐渐发现神经网络可以解决分类、识别等多种问题，这激起了人们的极大兴趣。然而，当时计算机的性能十分有限，只能执行非常小的神经网络模型，就实际应用来说等同于玩具。计算机性能的不足严重影响了人们对神经网络的研究。

2. 通用的神经网络硬件

为了实现更大规模的神经网络模型，20 世纪 80 年代人们尝试设计专用的硬件架构。然而，这些架构严重缺乏灵活性[14,15]，并不适合实践。

直到 2000 年左右，中央处理器(central processing unit，CPU)的性能得到了提升，计算机能够训练小规模的数据，如 MINIST[16]。当然，MINIST 仍远小于实际应用的数据规模。在摩尔定律的推动下，又经过十年发展，计算机终于开始变得强大起来，足以训练较大的神经网络，能够解决如 ImageNet[17]等现实世界的问题。

2012 年，Hinton 带领团队参加 ImageNet 图像识别大赛。其构建的卷积神经网络 AlexNet 夺冠，且准确率碾压第二名(SVM 方法)。这也是研究人员第一次使用图形处理器(graphic processing unit，GPU)进行加速。这次比赛后，卷积神经网络引起广泛的关注，人们也纷纷开始使用 GPU 进行加速。

如图 2-15 所示，通用的 CPU 具有复杂的控制逻辑和大量的缓存，计算资源较少。GPU 控制逻辑非常简单，一般采用单指令多数据(single instruction multiple data，SIMD)模式进行计算，非常适合完成大规模的简单计算任务。因此，GPU 被广泛地应用于加速神经网络。

3. 专用的神经网络加速器

在过去的几十年里，通用处理器性能的提升依赖集成电路工艺的进步。

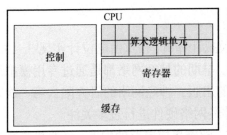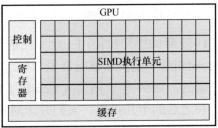

图 2-15　CPU 与 GPU

随着登纳德缩放比例定律的终止和摩尔定律的放缓,电路的性能提升变得非常有限。因此,迫切需要新的架构方法来提高处理器的性能。1995 年,登纳德缩放比例定律终止,多核技术兴起。2015 年后,摩尔定律也面临终结。随着技术的进步,芯片的设计制造成本越来越低,使面向特定应用设计专用的加速芯片成为可能。

目前比较知名的人工智能加速器主要有谷歌的 TPU 和寒武纪的 DianNao。此外,还有深度学习处理器(deep-learning processor unit,DPU)、大脑处理器(brain processing unit,BPU)等。

TPU 是谷歌专门为加速深层神经网络而设计的芯片,其结构如图 2-16(a)所示。神经网络处理器(neural network processing unit,NPU)是专门为神经网络运算提供算力的芯片,解决传统芯片在神经网络运算时效率低下的问题,图 2-16(b)为 DianNao 的结构框图。图中 NFU 为神经功能单元。

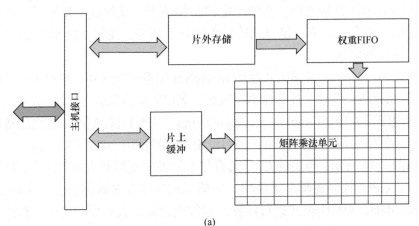

(a)

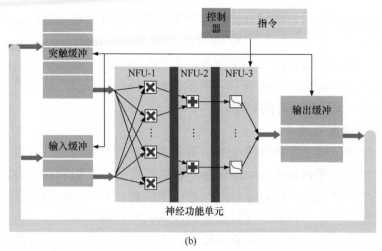

(b)

图 2-16　TPU 和 DianNao 模块框图[18, 19]

2.2.3　应用实践的开发

随着技术的发展，人工智能已经走进各个领域。它不仅给许多行业带来巨大的经济效益，也为人们的生活带来了许多便利。下面分别介绍感知智能的应用技术和主要应用场景。

1. 应用技术分类

深度学习的应用技术分类如图 2-17 所示。从技术上来看，感知智能主要包括自然语言处理、视觉数据处理、语音与音频处理三个方面。

图 2-17　深度学习的应用技术分类

1) 自然语言处理

自然语言处理主要是训练计算机理解人类语言。自然语言处理的任务主要包括文档分类、翻译、释义识别、文本相似性、摘要和问题解答等。自然语言处理的一种应用是情感分析，检查文本并对作者的观点进行分类。一种常见的处理对象是电影评论情感分析数据集(stanford sentiment treebank, SST)[20]。自然语言处理的另一个重要应用是机器翻译，深度学习可以大大提高机器翻译的准确度。2016 年，谷歌的神经网络翻译系统[21]在字符灵活性与单词级效率之间得到很好的平衡。

2) 视觉数据处理

深度学习已成为多媒体系统和计算机视觉的重要部分[2]，应用于图像处理、对象检测和视频分析等。图像处理包括图像的分割识别和分类，常见的是各类人脸识别系统。视频分析既包含空间信息，又包含时间信息，是一项具有挑战性的任务。目前，计算机已经能够识别视频中的一些行为，在安全防范、暴力检测等方面发挥了重要作用。语义分割主要进行图像的像素级理解，多用于自动驾驶、机器人视觉和医疗系统等。

3) 语音与音频处理

音频处理是直接对数字或模拟音频信号进行操作的过程，是语音识别、语音增强、电话分类和音乐分类的必要部分[2]。语音处理在人机交互中起着重要的作用，是一个活跃的研究领域。目前的智能手机都具有语音输入、语音控制功能。此外，语音识别也应用于智能家电、电话客服等方面，可以极大地方便人们的生活。

2. 应用实践介绍

1) 社交网络分析

微信、QQ 等社交网络的普及使用户能够共享大量信息，人工智能在社交网络中发挥着十分重要的作用。社交网络分析主要依赖自然语言处理和计算机视觉，包括语义评估、链接预测等。其中，语义评估可以帮助机器理解信息语义；链接预测主要用于推荐系统和社交关系预测。

2) 交通预测

交通预测是人工智能的又一重要应用，如谷歌、高德等各类导航系统。通过深度学习，导航系统能够预测各地点的拥塞情况，从而实现合理的路径规划。

3) 生物医学

医学图像处理是人工智能在医疗领域的典型应用，传统的医学影像诊断需要依靠医生的经验判断。利用人工智能，可以对医学影像进行图像分割、特征提取、对比分析等工作，进而完成病灶的识别与标注。

4) 自动驾驶

自动驾驶依赖人工智能实现无人驾驶，包含计算机视觉、自动控制技术等多种技术。自动驾驶是目前的研究热点，包括谷歌、百度和 Uber 在内的许多大公司都在研究自动驾驶汽车技术。

2.3　认　知　智　能

在深度学习技术的推动下，人工智能在感知层面上得到重要成果和广泛的应用。在图像识别语音处理等方面已经达到，甚至超过人类水平。深度学习依赖大数据的支持，然而随着数据红利的逐渐消耗，依赖深度学习的感知智能开始触及天花板。认知智能则是下一阶段的发展目标，当前的人工智能尚不具备较强的认知能力，处于感知层次。

1. 推理是认知的关键

推理是指由一个或几个已知的判断，推导出一个未知结论的过程。推理是形式逻辑，能够从已知的知识得到未知的知识，特别是可以得到不可能通过感觉经验掌握的未知知识。

所谓认知智能是指让机器获得推理能力，能够像人一样思考。这种思考能力具体体现在机器能够理解数据、语言，进而理解现实世界的能力。通过推理，人工智能能够解释数据、解释过程，进而解释现象，甚至进一步推理、规划。

如图 2-18 所示，深度学习技术能够让机器从图片中识别出猫咪和毛线球，但无法让机器理解为什么图片中的猫咪喜欢玩毛线球，更不具备在发现猫咪不开心之后给猫咪扔毛线球的智能。究其根本是深度学习技术不具备推理的能力，无法赋予机器认知智能。

2. 推理依赖知识

要实现推理，既要从感知角度学习数据的分布表示，又要从认知角度解释数据的语义。这需要将深度学习与大量的常识进行有机结合，从而实现逻辑表达和认知推理。以深度学习为基础的感知智能是数据驱动的，通过海量数据的训练，可以得到完整的模型，进而对相似的知识进行分析判断。认知智能是知识驱动的，通过大规模的知识构建完备的知识库。在遇到问题时，能够基于知识库举一反三，进行理解和思考。

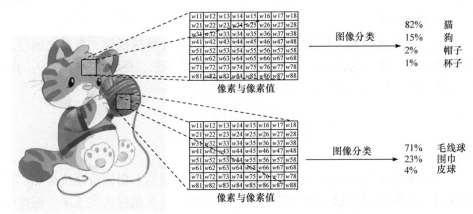

像素与像素值

像素与像素值

为什么猫喜欢毛线球?

图 2-18 认知推理

　　构建新一代开放常识知识图谱和研发以认知推理为核心的技术成为突破下一代人工智能技术的关键[22]。这一方向被定义为认知图谱。

　　传统知识图谱是一种语义网络，是大数据时代知识表示的重要方式之一。它是一种基于图的数据结构。在知识图谱里，每个顶点表示现实世界中存在的实体，每条边为实体与实体之间的关系。知识图谱是关系最有效的表示方式。知识图谱(图 2-19)就是把所有不同种类的信息连接在一起得到的关系网络，可以提供从关系的角度去分析问题的能力。为满足认知的需要，认知图谱被人们提出。认知图谱需要融合表示学习与符号逻辑，在具有显示语义的同时支持大数据环境的知识计算与推理。由于需要的数据源领域边界不明

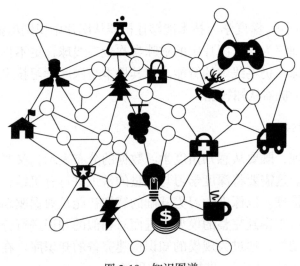

图 2-19 知识图谱

确，认知图谱也要具有动态特性，能够对知识进行实时更新，实现持续学习的能力。

2.4 本章小结

人工智能历经几十年的发展，已经深入生产生活的各个领域。大数据时代的到来支撑了以深度学习为基础的感知智能的发展。在感知智能的基础上，人们提出新的需求，希望机器能够真正地理解和思考。当前，人工智能已经触及感知层面的天花板，正在向认知阶段迈进。

参 考 文 献

[1] McCulloch W S, Pitts W. A logical calculus of the ideas immanent in nervous activity. The Bulletin of Mathematical Biophysics, 1943, 5(4): 115-133.

[2] Pouyanfar S, Sadiq S, Yan Y, et al. A survey on deep learning: Algorithms, techniques, and applications. ACM Computing Surveys, 2018, 51(5): 1-36.

[3] Rosenblatt F. The perceptron: a probabilistic model for information storage and organization in the brain. Psychological Review, 1958, 65(6): 386.

[4] Hopfield J J, Feinstein D I, Palmer R G. 'Unlearning' has a stabilizing effect in collective memories. Nature, 1983, 304(5922): 158-159.

[5] Ackley D H, Hinton G E, Sejnowski T J. A learning algorithm for Boltzmann machines. Cognitive Science, 1985, 9(1): 147-169.

[6] Rumelhart D E, Hinton G E, Williams R J. Learning representations by back-propagating errors. Nature, 1986, 323(6088): 533-536.

[7] Fukushima K. Neocognitron: a hierarchical neural network capable of visual pattern recognition. Neural Networks, 1988, 1(2): 119-130.

[8] LeCun Y, Bottou L, Bengio Y, et al. Gradient-based learning applied to document recognition. Proceedings of the IEEE, 1998, 86(11): 2278-2324.

[9] Hinton G E, Osindero S, Teh Y W. A fast learning algorithm for deep belief nets. Neural Computation, 2006, 18(7): 1527-1554.

[10] Krizhevsky A, Sutskever I, Hinton G E. Imagenet classification with deep convolutional neural networks. Advances in Neural Information Processing Systems, 2012, 25: 1097-1105.

[11] Canziani A, Paszke A, Culurciello E. An analysis of deep neural network models for practical applications. https://arxiv.org/pdf/1605.07678.pdf[2020-11-12].

[12] LeCun Y. 1.1 deep learning hardware: Past, present, and future//IEEE International Solid- State Circuits Conference, 2019: 12-19.

[13] Widrow B, Pierce W H, Angell J B. Birth, life, and death in microelectronic systems. IRE Transactions on Military Electronics, 1961, (3): 191-201.

[14] Jackel L D, Howard R E, Graf H P, et al. Artificial neural networks for computing. Journal of

Vacuum Science & Technology B: Microelectronics Processing and Phenomena, 1986, 4(1): 61-63.

[15] Graf H, de Vegvar P. A CMOS associative memory chip based on neural networks//IEEE International Solid-State Circuits Conference, 1987: 304-305.

[16] LeCun Y, Cortes C, Burges C J. MNIST handwritten digits dataset. http://yann.lecun.com/exdb/mnist/[2020-11-20].

[17] Deng J, Dong W, Socher R, et al. Imagenet: a large-scale hierarchical image database//IEEE Conference on Computer Vision and Pattern Recognition, 2009: 248-255.

[18] Jouppi N P, Young C, Patil N, et al. In-datacenter performance analysis of a tensor processing unit//Proceedings of the 44th Annual International Symposium on Computer Architecture, 2017: 1-12.

[19] Chen Y, Luo T, Liu S, et al. Dadiannao: a machine-learning supercomputer//The 47th Annual IEEE/ACM International Symposium on Microarchitecture, 2014: 609-622.

[20] Socher R, Perelygin A, Wu J, et al. Recursive deep models for semantic compositionality over a sentiment treebank//Proceedings of the 2013 Conference on Empirical Methods in Natural Language Processing, 2013: 1631-1642.

[21] Wu Y, Schuster M, Chen Z, et al. Google's neural machine translation system: bridging the gap between human and machine translation. https://arxiv.org/pdf/1609.08144.pdf[2020-09-13].

[22] 唐杰. 认知图谱——人工智能的下一个瑰宝. 中国计算机学会通信, 2020, 16(8): 8-10.

第 3 章　图与认知智能

图是一种用于表示对象之间联系的抽象数据结构，如社交网络、商品推荐、生化结构、轨道交通、知识图谱等。万事万物皆有联系，现实生活中的一切皆可由图表示。要让机器像人一样思考，需要机器学会解释和推理。我们不仅要让机器从现有的数据进行学习分类，更要基于已有的信息去创造新的知识。基于图的数据和知识表示正是实现推理的关键。本章首先介绍图的基本定义和应用，然后阐述图与智能的关系。

3.1　无处不在的图

3.1.1　图的定义

1. 基本定义

图(graph)是一种用于表示对象之间联系的抽象数据结构，通常被定义为 $G=(V,E)$。每个对象在图中被定义为顶点，以 V 表示顶点的集合。对象间的联系在图中定义为边，同时以 E 表示边的集合。

图 3-1(a)所示为一般图示例，给定 $G=(V,E)$，其中

$$V=\{v_1,v_2,v_3,v_4,v_5\}$$

$$E=\{e_1,e_2,e_3,e_4,e_5,e_6,e_7\}$$

集合 E 中的边 $e(v_i,v_j)$ 表示存在一条从顶点 v_i 与指向顶点 v_j 的边。

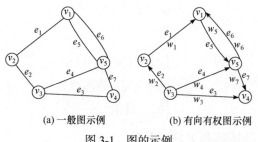

(a) 一般图示例　　　　(b) 有向有权图示例

图 3-1　图的示例

图又可细分为有向/无向图和有权/无权图。对于有向图，边$e(v_i, v_j)$表示顶点v_i可以从自身(源顶点)出发到达v_j(目标顶点)。顶点的出度表示从该顶点出发单跳能到达的顶点数目，对应的边被称为出边。顶点的入度表示从其他顶点出发单跳能到达该顶点的顶点数目，对应的边被称为入边。从一个顶点到另一个顶点经过的最小的边的数目称为跳跃次数(hop)。例如，图中被无向边直接连接的顶点称为单跳(1-hop)邻居顶点。

图 3-1(b)所示为一个有向有权图的示例。$w_1 \sim w_7$为各条边的权重。顶点v_1的入度为 2，出度为 1；顶点v_2的入度为 1，出度为 1；顶点v_3的入度为 0，出度为 3；顶点v_4的入度为 2，出度为 0；顶点v_5的入度为 2，出度为 2。

给定图 $G = (V, E)$，其顶点集为 $V = \{v_1, v_2, \cdots, v_n\}$，边集为 $E = \{e_1, e_2, \cdots, e_n\}$，则顶点与顶点的关系可以用邻接矩阵 A 表示，即

$$A = \begin{array}{c} \\ v_1 \\ v_2 \\ \vdots \\ v_n \end{array} \overset{\displaystyle \begin{array}{cccc} v_1 & v_2 & \cdots & v_n \end{array}}{\begin{bmatrix} a_{11} & a_{12} & \cdots & a_{1n} \\ a_{21} & a_{22} & \cdots & a_{2n} \\ \vdots & \vdots & & \vdots \\ a_{n1} & a_{n2} & \cdots & a_{nn} \end{bmatrix}}$$

其中

$$a_{ij} = \begin{cases} 1, & (v_i, v_j) \text{是} G \text{的边} \\ 0, & \text{其他} \end{cases}$$

顶点与边的关联关系可以用关联矩阵 M 表示，即

$$M = \begin{array}{c} \\ v_1 \\ v_2 \\ \vdots \\ v_n \end{array} \overset{\displaystyle \begin{array}{cccc} e_1 & e_2 & \cdots & e_m \end{array}}{\begin{bmatrix} b_{11} & b_{12} & \cdots & b_{1m} \\ b_{21} & b_{22} & \cdots & b_{2m} \\ \vdots & \vdots & & \vdots \\ b_{n1} & b_{n2} & \cdots & b_{nm} \end{bmatrix}}$$

其中

$$b_{ij} = \begin{cases} -1, & v_i \text{是} e_j \text{的终点} \\ 1, & v_i \text{是} e_j \text{的起点} \\ 0, & \text{其他} \end{cases}$$

图 3-1(b)的邻接矩阵和关联矩阵为

$$A = \begin{array}{c} v_1 \\ v_2 \\ v_3 \\ v_4 \\ v_5 \end{array} \begin{matrix} v_1 & v_2 & v_3 & v_4 & v_5 \\ \begin{bmatrix} 0 & 0 & 0 & 0 & 1 \\ 1 & 0 & 0 & 0 & 0 \\ 0 & 1 & 0 & 1 & 1 \\ 0 & 0 & 0 & 0 & 0 \\ 1 & 0 & 0 & 1 & 0 \end{bmatrix} \end{matrix}, \quad M = \begin{array}{c} v_1 \\ v_2 \\ v_3 \\ v_4 \\ v_5 \end{array} \begin{matrix} e_1 & e_2 & e_3 & e_4 & e_5 & e_6 & e_7 \\ \begin{bmatrix} -1 & 0 & 0 & 0 & 1 & -1 & 0 \\ 1 & -1 & 0 & 0 & 0 & 0 & 0 \\ 0 & 1 & 1 & 1 & 0 & 0 & 0 \\ 0 & 0 & -1 & 0 & 0 & 0 & -1 \\ 0 & 0 & 0 & -1 & -1 & 1 & 1 \end{bmatrix} \end{matrix}$$

2. 图的特征

现实生活中的图主要具有如下四种特性，即无结构性、极度稀疏性、幂律度分布性和强群体结构性。

1) 无结构性

现实生活中的图通常是无结构的。由于现实场景的不确定性，对象间的联系具有极高的随机性，被链接的对象和每个对象的链接数目极不固定，因此导致图的结构通常是无固定结构的。如图 3-2 所示，图的结构并不像图片那样具有整齐且规则的网格结构，也不像序列(文本)那样具有非常规则的线性结构，通常是非常不规则的。

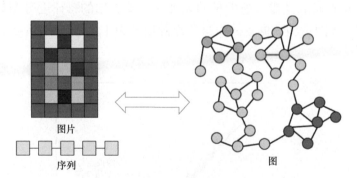

图 3-2　图与图片以及文本序列的区别[1]

2) 极度稀疏性

由于绝大部分对象之间不存在联系，因此现实生活中的图是极度稀疏的。图计算应用测试数据集的稀疏度如表 3-1 所示。典型数据集的稀疏度都达到 99.99%。记图中顶点和边的数目分别为#Vertices 和#Edges，则稀疏度的计算公式为

$$\text{Sparsity Ratio} = \frac{(\text{\#Vertices} \times \text{\#Vertices} - \text{\#Edges})}{\text{\#Vertices} \times \text{\#Vertices}}$$

表 3-1　图计算应用测试数据集的稀疏度[2]

图	顶点数	边数	稀疏度/%	说明
Flickr (FR)[3]	0.82M	9.84M	99.99	Flickr 图片分享站抓取数据图
Pokec (PK)[3]	1.63M	30.62M	99.99	Pokec 社交网络图
LiveJournal (LJ)[3]	4.84M	68.99M	99.99	Live Journal 交友网络图
Hollywood (HO)[3]	1.14M	113.90M	99.99	演员社交网络图
Indochina-04 (IN)[3]	7.41M	194.11M	99.99	Indochina 网站抓取数据图
Orkut (OR)[3]	3.07M	234.37M	99.99	Orkut 社交网络图
Twitter (TW)[3]	41.65M	1468.36M	99.99	Twitter 交友网络图

3) 幂律度分布性

图结构普遍存在类似的情形，即绝大部分的边连接到一小部分顶点。图结构的幂律分布性体现在少量顶点被多数顶点连接，大量的顶点只被少数顶点连接[4]。例如，大家熟知的名人效应，名人被关注人数是非常多的，而大部分关注名人的人本身却只被少量的人关注。图数据的幂律度分布如图 3-3 所示。AltaVista 网页图数据集的大量顶点的出度为 1，而 1%的顶点约占 50%的链接[4]。

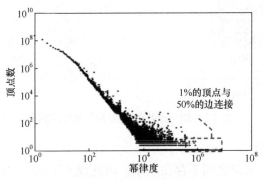

图 3-3　图数据的幂律度分布[4]

4) 强群体结构性

对于现实生活中的图，局部还存在各类群体体现出的强群体结构。图 3-4 所示为公司集团合作关系网的强群体结构(small world)。公司内部的团队为小群体结构，整个公司所有团队形成大群体结构。

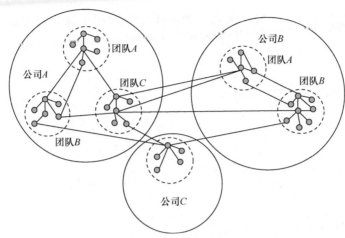

图 3-4　公司集团合作关系网的强群体结构[5,6]

3. 图的存储

图是没有顺序存储结构的，一般借助二维数组表示顶点之间的关系。从数据结构来讲，主要有四种存储方式，即邻接矩阵、邻接表、十字链表、邻接多重表。

邻接矩阵采用数组存储，是一种常见的存储方式。邻接表采用链式存储方式，基本思想是只存储图中存在的边的信息，对不相邻的顶点则不保留信息。邻接矩阵和邻接表既能存储有向图，又能存储无向图。十字链表可以看成有向图的邻接表和逆邻接表结合起来得到的一种链表。邻接多重表也是一种链式存储，但只能存储无向图。

下面介绍两种常用的存储格式，即邻接矩阵存储格式和压缩存储格式。

1) 邻接矩阵存储格式

图最简单的存储格式就是邻接矩阵。

2) 压缩存储格式

虽然以邻接矩阵的存储方式存储图数据非常简单，但是同时也会存储非常多因稀疏性导致的无效数据。因此，为了提高图数据的存储效率，许多用于去除稀疏，压缩有效图数据的数据结构被提出。

CSR(compressed sparse row)和 CSC(compressed sparse column)是其中使用最广泛的两种。这两种结构通常包含三种数组，即偏移数组(offset array)、边数组(edge array)和顶点属性数组。偏移数组指的是用于索引每个顶点的边表(1-hop 邻居顶点编号集合)在边数组中的偏移。边数组保存的是 1-hop 邻居顶点编号。编号在每个顶点的边表中是顺序的。CSR 格式的边表数组用于保存出边，CSC 格式用于保存入边。顶点属性数组用于保存每个顶点的属性。图 3-5 所示为图与图的存储格式示例。

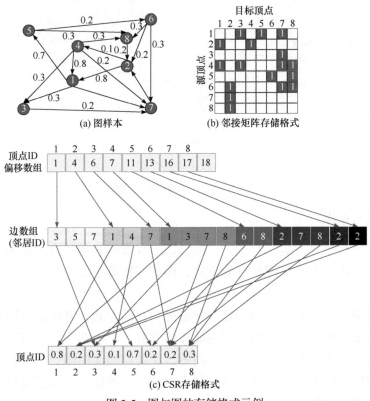

图 3-5　图与图的存储格式示例

3.1.2　图的应用

图无所不在，现实生活中的大量数据都可以用图结构表示。顶点+关系的结构可以包罗万象。图结构数据如图 3-6 所示。

社交网络图是生活中最常用的图结构数据之一。社交网络是由一组社会角色(如个人或组织)、一系列亲密关系与角色之间的社会交互行为组成的社会结构[7]。例如，微信等通信软件的好友关系、微博等社交软件的粉丝关注关系均为社交网络的具体实例。社交网络的上述概念能够天然适应图的数据结构。图的顶点可以表示社交网络中的不同社会角色，而边则可以表示社会角色之间的亲密关系与社交行为。图 3-6(a)展示了微信的社交网络。

商品推荐网络图是另一种常用于日常生活的图。商品推荐是电子商务日益兴盛的产物，各大电商通过推荐系统为用户进行商品的个性化推荐。准确

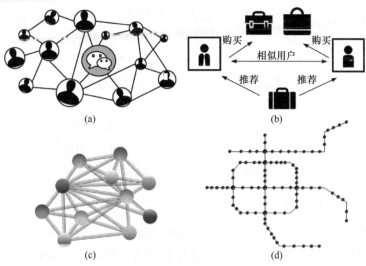

图 3-6　图结构数据

推荐符合用户喜好的商品，不仅能让用户在海量商品中迅速获取有效信息和发现新产品，提升购物体验，还能有效增加营收。图 3-6(b)是简易的商品推荐网络示意图。在该图结构中，顶点表示电商平台中的不同用户和商品，边表示用户之间的关系或用户与商品之间的关系。通过图结构数据建立商品推荐网络，有助于对海量电商数据进行科学分析，从而准确、有效地实现个性化推荐功能。

图结构数据在生物、化学等领域的应用也屡见不鲜。蛋白质互作网络图就是其中之一。蛋白质-蛋白质相互作用(protein protein interaction, PPI)是两个或多个蛋白质分子间通过静电力、氢键等相互作用产生生物化学反应的结果[8]。PPI 几乎在细胞生命过程的各个环节中都必不可少，因此建立蛋白质互作网络对于研究疾病等不同状态下的细胞生理机制、蛋白质之间的功能联系等都具有重要意义。例如，图 3-6(c)为通过 String 在线数据库[9]绘制的蛋白质互作网络图，其中顶点代表不同的蛋白质，边代表已知的和预测的蛋白质间的相互作用关系。

轨道交通网络图是最直观的图，通常直接以图结构数据的形式呈现在人们面前。图 3-6(d)是地铁线路图，图中顶点代表不同的地铁站点，边代表不同站点的相邻关系。建立轨道交通网络图，从城市角度能更好地实现轨道交通的科学规划，有利于城市的各项经济发展建设；从民众角度能够更方便、有效地获取交通线路信息，从而规划出行路线。

除了上述 4 种典型图例外，图强大的信息表示能力使其为越来越多的领域所采用。随着物联网、5G 的普及和广泛使用，人类迈入万物互联的时代，图已然成为用于挖掘信息潜在价值的基本数据表示形式。

3.2 图与认知智能的关系

实现认知的关键在于使用"有限"创造"无限"。例如，通过有限的单词写出许多新的句子，这是一种创造的过程。这里的"有限"指已经学到的知识，"无限"指根据已有的内容进行关系推理，进而创造新的知识。

3.2.1 图表示蕴含知识

各种场景为人们提供海量数据。廉价的数据可以为深度学习的发展提供良好的保障。然而，深度学习难以处理非常复杂的场景，也难以从少量经验中进行合理有效的判断。这是因为深度学习利用的是简单的、没有标记的数据，而非结构化的知识。

结构化表示可以反映对象间的关联，是一种知识的体现。许多现实世界的系统都具有一定的关系结构，如图 3-7 所示。这些结构都能用图表示[10]。图 3-7(a)所示为水分子，将每个原子抽象为图的顶点，化合键抽象为图的边。图 3-7(b)所示为一种常见的物理模型，将绳索看成质量的集合。这些质量用图中的顶点表示，图的边则体现力的作用情况。图 3-7(c)所示为一个三体系统，每个体是一个图的顶点。图 3-7(d)所示为一个刚体系统，每个球和壁抽象为图的顶点，边体现球和墙壁的相互作用。图 3-7(e)所示为句子和解析树，单词是树上的叶子，顶点和边由解析器提供。图 3-7(f)将图片化为六块，每块对应一个顶点，图块之间为全连接结构。

在现实世界中，数据天然地以集合的形式出现，通过对数据进行排列组合筛选，可以提炼出具有一定性质的对象，以及这些对象间的联系，进而获取知识。数据是粗糙而简单的原始资料，而知识则是从数据中提炼出的信息。也就是说，知识蕴含在结构化的数据中。如图 3-7(f)所示，知识图谱是具有图结构的知识库，是大数据时代知识表示的重要方式之一。知识图谱基于图的拓扑结构，将不同的元素联系起来，建立复杂的关系网络，蕴含丰富的知识信息。

由此可见，图是一种支持任意关系结构的表示形式，是知识的有力表达方式，具有很强的优越性。

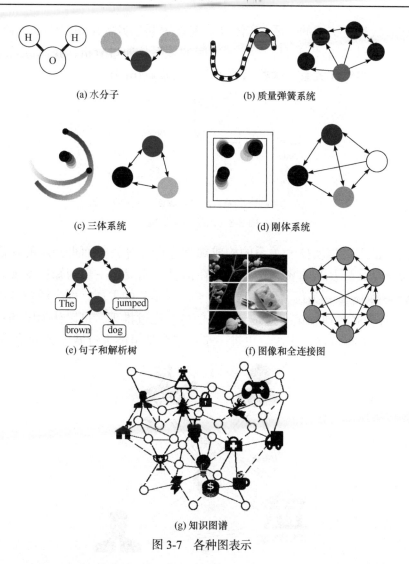

(a) 水分子

(b) 质量弹簧系统

(c) 三体系统

(d) 刚体系统

(e) 句子和解析树

(f) 图像和全连接图

(g) 知识图谱

图 3-7　各种图表示

3.2.2　图结构支撑关系推理

从各种场景中提取的图数据构成数据分析的基础，大规模图数据可以表示丰富并蕴含逻辑关系的人类常识和专家规则。图顶点定义可理解的符号化知识，以及不规则图拓扑结构表达的图顶点之间的依赖、从属、逻辑规则等推理关系。

生活中，各种复杂的系统都可以定义为实体(entity)+关系(relation)[10]。实体是具有某些性质的元素，关系是实体之间的属性。如图 3-8 所示，实体 A 为一个重 200g 的红色球，实体 B 为一个重 150g 的绿色方块。这里，质量、颜色和形状都是实体的性质。实体 A 比实体 B 重、实体 A 和实体 B 颜色不同、实体 A 和实体 B 形状不同，为二者之间的关系。通过分析，我们可以用函数的形式表达实体和关系，这些函数可以称为规则(rule)。

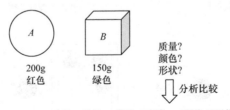

A质量>B质量、A颜色≠B颜色、A形状≠B形状

图 3-8　系统抽象举例

关系推理根据实体和关系的构成规则进行计算，进而得到新的知识。换句话说就是，要从现有资料中挖掘潜在信息，完成进一步的知识发现。以简单社会关系(图 3-9)为例，甲是乙的妻子，丙是乙的下属，丙生活在城市 A，城市 A 有著名的博物馆。这是已知的信息。通过推理，可以认为甲和乙生活在城市 A，甲有可能认识丙。更进一步，三个都可能去过城市 A 的博物馆。

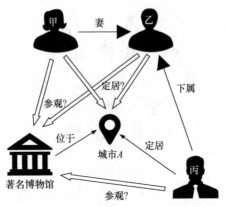

图 3-9　简单社会关系图

知识图谱[11]是图结构的重要应用。在知识图谱中，每个顶点都表示现实世界中存在的实体，每条边都表示实体与实体之间的关系。知识图谱是一种结构化的语义知识库，能够迅速描述物理世界中的概念及其相互关系。即使数据库内容丰富，知识图谱中的知识关系也非全知全能。这时就需要进行推理，进而实现认知。这种具有认知推理能力的知识结构定义为认知图谱。

为满足认知的需要，认知图谱需要融合表示学习与符号逻辑，在具有显示语义的同时支持大数据环境的知识计算与推理。基于图结构的知识库，能为机器构建较为丰富的概念框架。基于图结构，机器能通过框架中对象的关系进行解释和推理，进而学会像人一样思考。可以说，图结构能够表达对象间的关系，是认知推理的基础。

3.3　本 章 小 结

要让机器像人一样思考，需要机器学会解释和推理。基于图的数据表示和知识推理是实现高级人工智能的关键。通过本章节的介绍，读者能够认识到图在人工智能中的重要地位。下一章介绍图神经网络，这是一种将图与深度学习算法相结合的新方法，已经引起学术界和工业界的广泛重视。

参 考 文 献

[1] Xu K, Hu W, Leskovec J, et al. How powerful are graph neural networks//International Conference on Learning Representations, 2018: 351-363.

[2] Yan M, Hu X, Li S, et al. Alleviating irregularity in graph analytics acceleration: a hardware/ software co-design approach//Proceedings of the 52nd Annual IEEE/ACM International Symposium on Microarchitecture, 2019: 615-628.

[3] Davis T A, Hu Y. The University of Florida sparse matrix collection. ACM Transactions on Mathematical Software, 2011, 38(1): 1-25.

[4] Gonzalez J E, Low Y, Gu H, et al. Powergraph: distributed graph-parallel computation on natural graphs//Presented as part of the 10th USENIX Symposium on Operating Systems Design and Implementation, 2012: 17-30.

[5] Watts D J, Strogatz S H. Collective dynamics of 'small-world' networks. Nature, 1998, 393(6684): 440-442.

[6] Katzy B R, Stettina C J, Groenewegen L P J, et al. Managing weak ties in collaborative work// The 17th International Conference on Concurrent Enterprising, 2011: 1-9.

[7] Wasserman S, Galaskiewicz J. Advances in Social Network Analysis: Research in the Social and Behavioral Sciences. New York: SAGE, 1994.

[8] de Las Rivas J, Fontanillo C. Protein-protein interactions essentials: key concepts to building and analyzing interactome networks. PLoSComput Biol, 2010, 6(6): 1000807.

[9] String. functional protein association networks. https://string-db.org[2020-08-18].

[10] Battaglia P, Hamrick J B C, Bapst V, et al. Relational inductive biases, deep learning, and graph networks. https://arxiv.org/pdf/1806.01261.pdf[2020-08-20].

[11] GOOGLE. Knowledge-inside search-google. https://www.google.com/intl/en_us/insidesearch/ features/search/knowledge.html[2018-05-11].

第 4 章　图神经网络

图神经网络是近年来新兴的一种智能算法。其将深度学习算法和图计算算法相融合，取长补短，可以达到更优的认知与问题处理能力，广泛应用于搜索、推荐、风险控制等重要领域。本章主要介绍图神经网络的基础知识，使读者对图神经网络有基本的了解。

4.1　图神经网络的定义

4.1.1　什么是图神经网络

图神经网络将深度神经网络从处理传统的非结构化数据(即图像、语音和文本序列)扩展到更高级别的结构化数据(即图)。一般的假设是，图结构中直接相连的两个顶点比其他顶点具有更多的相似性。例如，假设相连的两个顶点更有可能有相同的类别标签[1]，因此可以利用相邻顶点的特征信息协助目标顶点的推断，推测函数采用神经网络的形式。换言之，图神经网络就是将图数据和神经网络进行结合，在图数据上进行端对端的计算。聚合过程如图 4-1 所示。图神经网络的活动顶点需要接收邻居顶点信息，因此图神经网络的计算就是聚合邻居和变换顶点属性的过程。

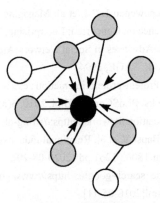

图 4-1　聚合过程

如图 4-2 所示，图神经网络直接在图上计算。整个计算的过程沿着图的结构进行，计算时能够很好地保留图的结构信息，即顶点之间的关系，从而对结构信息进行学习，基于关系进行推理。

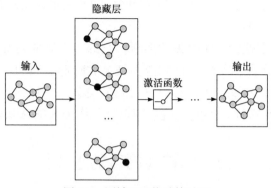

图 4-2　图神经网络计算过程

4.1.2　图神经网络与神经网络的异同

1. 相同点

图神经网络与传统神经网络的相同点在于两者都有学习和推断的过程。学习过程是从样本中获取推断的规则，推断过程是使用学习到的规则对新样本或者新输入进行推断。

2. 不同点

1) 输入数据

传统神经网络只能处理特定类型的数据，输入一般为欧几里得空间的图片或者文本序列等。这类数据都规则且大小固定。图无所不在，现实生活中的事物通常都可以用顶点+关系的图结构表示。图神经网络的输入数据为非欧几里得空间的图结构数据，可以是单模的，甚至是多模的。这类数据不规则且大小任意，并且更重要的是图中的数据之间具有联系。具体地说，每个图的顶点数目是任意的，顶点之间通过表征联系的边进行连接，每个顶点都有不同数目的邻居顶点，顶点之间没有明确的顺序。

2) 应用场景

传统神经网络用于处理独立且规则的样本数据的应用场景中，而图神经网络用于处理关联且不规则的样本数据应用场景中。传统神经网络的一个核心假设是样本实例彼此独立，并且处理任务的输入数据要求都是规整的。这导致传统神经网络的卷积等操作无法应用到具有数据关联且不规则的图结构上，意味着传统神经网络无法高效处理图结构数据。然而，由于独立样本只是关联样本的特例，因此图神经网络可以处理传统神经网络的所有任务，甚至是更具挑战性的任务，可以说图神经网络的应用场景更广泛。

3) 数学理论模型

传统神经网络基于统计相关性推断，它的一大软肋是无法基于因果关系进行有效的因果推理，所以其认知能力被大大降低。然而，图数据中顶点间的联系表征则可以多种多样，其中包括因果关系，并且顶点间的联系构造了功能强大的结构性特征，因此造就了图神经网络强大的认知能力。

4.2 图神经网络的重要性

当前的深度学习在感知层面取得了显著的成果，在图片识别、语音识别等方面已经达到，甚至超越人类水平。然而，我们不仅满足辨认出视频中的猫，也想知道猫是否饥饿，更希望机器在发现猫需要进食以后能够主动投喂食物。深度学习不具有联想推理能力，无法完成这种认知层面的工作。

传统的神经网络通常以固定大小且规整的图片或者文本序列等作为输入，无法处理任意大小且顶点无序的图数据。图神经网络的输入数据来自非欧几里得领域，通常用能够表示对象间复杂联系的图来表示。因此，图神经网络能够应对许多关键且从前无法高效处理的问题，如洞察大脑神经元链接[1]、发现新材料等[2]。

大规模图神经网络被认为是推动认知智能发展强有力的推理方法。图神经网络将深度神经网络从处理传统非结构化数据(如图像、语音和文本序列等)推广到更高层的结构化数据(如图结构)。图神经网络的研究热潮逐渐兴起，各种图神经网络模型被提出用于分析图数据。非常多的工业系统被提出用于高效执行图神经网络。例如，脸书的 Pytorch-BigGraph[3]、谷歌的 Graph Nets[4]、阿里巴巴的 Aligraph[5]和 euler[6]，以及腾讯的 plato[7]。

图神经网络的应用如图 4-3 所示。目前，图神经网络被广泛用于推荐、搜索和风控等重要领域。早期图神经网络主要应用于顶点分类、链路预测和图分类。目前学术界开始采用图神经网络解决自然语言处理、推荐、金融、集成电路等领域的问题。在工业界，图神经网络也成为许多企业非常重要的应用，部署于阿里巴巴、谷歌、亚马逊等数据中心。

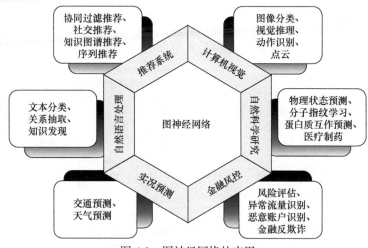

图 4-3 图神经网络的应用

4.3 图神经网络的主流模型

随着图神经网络的兴起，大量图神经网络算法被提出。其中应用最广泛的就是图卷积网络(graph convolutional networks，GCN)。除了图卷积网络模型，其他图神经网络可分为四大类，即图注意力网络(graph attention network，GAN)、图自编码器(graph auto-encoders，GAE)、图生成网络(graph generative network，GGN)和图时空网络(graph spatial-temporal networks，GSN)四大类。图神经网络部分符号注解如表 4-1 所示。

表 4-1　图神经网络部分符号注解

标记	含义	标记	含义
G	图 $G = (V, E)$	V	G 的顶点
E	G 的边	D_v	顶点 v 的度
$e_{(i,j)}$	顶点 i 和 j 之间的边	$N(v)(S(v))$	顶点 v 的邻居集(抽样子集)
$A(A_{ij})$	邻接矩阵(中的元素)	a_v	顶点 v 的 aggregation 特征向量
h_G	G 的特征向量	W	combination 权重矩阵
h_v	顶点 v 的特征向量	b	combination 偏移向量
X	初始化特征矩阵	Z	嵌入矩阵
C	赋值矩阵	ε	可学习参数

4.3.1 典型图神经网络模型

下面介绍除图卷积网络外的四类典型图神经网络模型，如图 4-4 所示。

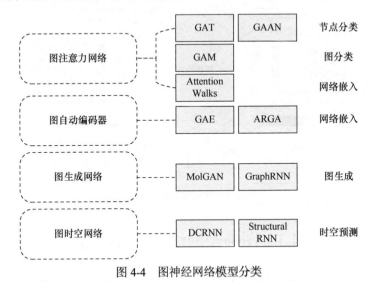

图 4-4 图神经网络模型分类

1. 图注意力网络

注意力机制的目标是从众多信息中选择对当前任务目标更关键的信息，其优点是能够专注于对象最重要的部分。下面分别介绍图注意力网络的几种方案[1]。

图注意力网络[8]是一个基于空间的图卷积网络，在聚合过程中使用注意力网络确定顶点邻居的权重。GAT 的图卷积定义为

$$h_i^t = \sigma\left(\sum_{j\in N_i} \alpha(h_i^{t-1}, h_j^{t-1})W^{t-1}h_j^{t-1}\right)$$

其中，α 为一个注意力函数，控制邻居 j 对顶点 i 的贡献。

GAT 还可以使用多头注意力(multi-head attentions)学习不同子空间的注意力权重，即

$$h_i^t = \|_{k=1}^K \sigma\left(\sum_{j\in N_i} \alpha_k(h_i^{t-1}, h_j^{t-1})W_k^{t-1}h_j^{t-1}\right)$$

其中，‖表示序连运算。

门控注意力网络[9]采用多头注意力机制更新顶点的隐藏状态。但其并没有为每个头部分配相等的权重，而是引入一种自我注意机制，为每个子空间计

算不同的权重。GAAN 运算定义为

$$h_i^t = \phi_0 \left(X_i \oplus \|_{k=1}^K g_i^k \sum_{j \in N_i} \alpha_k(h_i^{t-1}, h_j^{t-1}) \phi_v(h_j^{t-1}) \right)$$

其中，ϕ_0 和 ϕ_v 表示前馈神经网络，g_i^k 为子空间 k 的权重。

图注意力模型(graph attention model，GAM)是一种递归神经网络模型[10]，用来解决图分类问题。GAM 通过自适应地访问重要顶点的序列处理富含信息的部分。GAM 定义为

$$h_t = f_h(f_s(r_{t-1}, v_{t-1}, g; \theta_s), h_{t-1}; \theta_h)$$

其中，f_h 为 LSTM 网络；f_s 为阶跃网络；从当前顶点 v_{t-1} 经过一步到其邻居 c_t，v_{t-1} 中 type 排序高的顶点优先；r_t 为随机秩向量，表示顶点重要性；h_t 包含搜索阶段聚合而来的历史信息，并用于预测图的标签。

$$r_t = f_r(h_t; \theta_r)$$

AttentionWalks[11]将具有不同注意力权重的共生矩阵因式分解，通过随机游走学习顶点，即

$$E[D] = \widetilde{P}^{(0)} \sum_{k=1}^C a_k(P)^k$$

其中，D 为共生矩阵；$\tilde{P}^{(0)}$ 为初始位置矩阵；P 为概率转移矩阵。

2. 图自动编码器

图自动编码器是一类网络嵌入方法，通过使用神经网络结构将网络顶点表示为低维向量空间[12]。

图自动编码器[13]首先将图卷积网络集成到图自动编码器框架内，编码器定义为

$$Z = \text{GCN}(X, A)$$

解码器定义为

$$\hat{A} = \sigma(ZZ^T)$$

图自动编码器的训练时的最小化下界 L 为

$$L = E_{q(Z|X,A)} = [\log_p(A|Z)] - \text{KL}[q(Z|X,A) \| p(Z)]$$

其中，$\text{KL}[q(Z|X,A) \| p(Z)]$ 表示 $q(Z|X,A)$ 与 $p(Z)$ 的相对熵。

对抗正则化图自动编码器(adversarially regularized graph autoencoder，ARGA)[14]采用生成对抗网络的训练方法规范化图自动编码器。生成对抗网络通过生成器和鉴别器的交替训练，使生成器能够产生鉴别器无法分辨真伪的

顶点向量表示。编码器将顶点的结构信息和特征编码隐藏表示，解码器从编码器的输出中重建邻接矩阵。具体而言，编码器作为生成器，尽可能真实地伪造样本；鉴别器尝试识别学习的顶点，表示是从编码器生成还是从实际的先验分布生成。

3. 图生成网络

图生成网络的目标是根据给定的图，生成新的图。下面是几种图生成网络。

分子生成对抗网络(molecular generative adversarial networks, MolGAN)[15]是基于图卷积网络的模型，同时使用图注意力网络和强化学习(reinforcement learning, RL)对象生成所需属性的图。其中，图注意力网络的生成器生成伪造的图及其特征矩阵，鉴别器从经验数据中区分伪造的样本，同时对鉴别器引入奖励网络，根据外部输入生成特定属性的图。

GraphRNN[16]通过两级递归神经网络设计深度图生成模型。图层面的循环神经网络每次向顶点序列添加一个新顶点，边层面的循环神经网络生成一个二进制序列，指示新顶点与先前生成顶点的连接。GraphRNN还采用宽度优先搜索方法将图线性化为顶点序列。为了完成边层面的循环神经网络建模二进制序列，GraphRNN假定多元Bernouli或条件Bernouli分布。

4. 图时空网络

图时空网络同时获取时空图的"时"和"空"的依赖。时空图具有全局图结构，每个顶点的输入随时间变化。图时空网络的目标可以是预测未来的顶点值或标签，也可以是预测时空图标签。下面介绍一些图时空网络的方法。

扩散卷积递归神经网络(diffusion convolutional recurrent neural network, DCRNN)[17]，引入扩散卷积作为图卷积来捕获空间依赖性，并使用具有门控循环单元(gated recurrent unit, GRU)的sequence-to-sequence体系结构来捕获时间依赖。扩散卷积从正向和反向模拟截断的扩散过程。令D_O和D_I分别为出度和入度矩阵，扩散卷积形式为

$$X_{:,p*G}f(\theta) = \sum_{k=0}^{K-1}(\theta_{k1}(D_O^{-1}A)^k + \theta_{k2}(D_I^{-1}A^{\mathrm{T}})^k)X_{:,p}$$

令$x \in \mathrm{R}^{N \times P}$、$Z \in \mathrm{R}^{N \times Q}$、$\Theta \in \mathrm{R}^{Q \times P \times K \times 2}$、$Q$为输出通道数，$P$为输入通道数，为了实现多通道输入输出，扩散卷积递归神经网络的扩散卷积层为

$$Z_{:,p} = \sigma(\sum_{p=1}^{P}X_{:,p*G}f(\Theta_{q,p,:,:}))$$

为了获取时依赖，扩散卷积递归神经网络使用扩散卷积层处理门控循环单元的输入，以便循环单元同时接收来自上一时间步长的历史信息和来自图卷积的邻域信息。修改后的门控循环单元称为扩散卷积门控递归单元(diffusion convolutional gated recurrent unit，DCGRU)，即

$$r^{(t)} = \text{sigmoid}(\Theta_{r*G}[X^{(t)}, H^{(t-1)}] + b_r)$$
$$u^{(t)} = \text{sigmoid}(\Theta_{u*G}[X^{(t)}, H^{(t-1)}] + b_u)$$
$$C^{(t)} = \text{tanh}(\Theta_{C*G}[X^{(t)}, (r^{(t)} \odot H^{(t-1)})] + b_r)$$
$$H^{(t)} = u^{(t)} \odot H^{(t-1)} + (1 - u^{(t)}) \odot C^{(t)}$$

为了实现多步预测，扩散卷积递归神经网络采用 sequence-to-sequence 结构，递归单元替换为扩散卷积门控递归单元。

结构循环神经网络(Structural-RNN)[18]提出一个周期性的框架，预测每个时间步的顶点标签。结构循环神经网络由顶点循环神经网络和边循环神经网络组成。为了降低模型的复杂性，此方案将顶点和边分成语义组。同一语义组的顶点或边共享相同的循环神经网络模型。为了合并空间信息，边循环神经网络的输出会作为顶点循环神经网络的输入。

4.3.2　图卷积网络

1. 图卷积网络整体介绍

图卷积网络是图神经网络的一个重要分支。图 4-5 所示为图卷积网络模型的图解。图中每个顶点都拥有一个顶点属性向量。每一迭代(层)的图卷积都会先在图遍历阶段执行 Aggregate 函数聚合邻居顶点信息，接着在神经网络变换阶段执行 Combine 函数将聚合到的邻居顶点信息进行变换。Aggregate 函数通常是逐元素比较或求和操作，而 Combine 一般是基于多层感知机的神经网络。

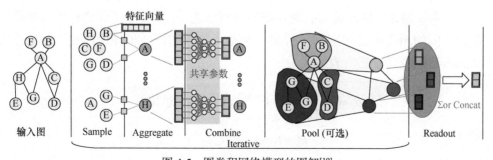

图 4-5　图卷积网络模型的图解[19]

通常，第 t 次迭代(层)可以表示为

$$a_v^t = \text{Aggregate}(h_u^{(t-1)} : \forall u \in \{N(v) \bigcup \{v\}\})$$

$$h_v^t = \text{Combine}(a_v^t)$$

其中，h_v^t 为顶点 v 在第 t 次迭代(层)的属性向量。

简单地说，Aggregate 函数先将每个顶点的所有 1-hop 邻居顶点的属性特征向量聚合成一个临时的特征向量。然后，Combine 函数将每个顶点的临时特征向量送入多层感知机神经网络中进行变换，产生每个顶点新的属性特征向量。需要注意的是，每个顶点的属性变换都使用同一个神经网络，也就是多层感知机的参数，包括权重和偏置被所有顶点的变换共享。

为了降低计算的复杂度并同时保留较高的推断精度，在 Aggregate 函数之前会先执行 Sample 函数，以此为每个顶点采样邻居顶点，减少需要聚合的邻居顶点。它的公式表达为

$$S(v) = \text{Sample}^t(N(v))$$

在某些应用中，Pool 函数会在 Combine 函数之后执行，目的是将原始的图变小并同时保留图结构的主要特征。

总而言之，Sample 函数用于对邻居顶点采样，目的是减少算法模型的计算量。Aggregate 函数则是收集邻居顶点的信息，产生中间计算结果。Combine 函数负责利用神经网络对中间结果进行变换和降维，并获得新的顶点属性向量。Pool 函数是可选函数，完成与传统卷积神经网络中 Pooling 函数相同的功能，区别在于 Pool 函数处理的对象是图。Readout 函数执行合并操作，对所有顶点的属性向量进行 element-wise 的累加操作。它的作用是产生单个属性向量作为其他神经网络模型的输入，以用于图的分类。

2. 各种图卷积网络模型

图卷积网络[1]是最成功的图卷积网络模型之一。它在基于频谱的图卷积和基于空间的图卷积之间架起了桥梁，使基于频谱的图卷积理论应用于基于空间的图卷积研究。它的表达式为

$$a_v^t = \left(\sum \frac{1}{\sqrt{D_v D_u}} h_u^{(t-1)} \mid \forall u \in \{N(v) \bigcup \{v\}\} \right)$$

$$h_v^t = \text{ReLU}(W^t a_v^t + b^t)$$

GraphSage[20]进一步采用邻居顶点采样方法减少接收域的扩展，提供权衡

推断精度和执行时间的方案。它的表达式为

$$a_v^t = \text{Mean}(\{h_v^{(t-1)}\} \bigcup \{h_u^{(t-1)}, \forall u \in S(v)\})$$

$$h_v^t = \text{ReLU}(W^t a_v^t + b^t)$$

GINConv[21]是一种简单的图神经网络结构，判别能力等同于 Weisfeler-Lehman 图同构检验。GINConv 学习的顶点特征可以直接用于顶点分类和链路推断等任务。它的表达式为

$$a_v^t = (1 + \varepsilon_k) h_v^{(t-1)} + \sum_{u \in N(v)} h_u^{(t-1)}$$

$$h_v^t = \text{MLP}^t(a_v^t, W^t, b^t)$$

DiffPool[22]提供一个通用的模型来实现图的 Pooling 操作。它可以插入任意图神经网络中，目的是将原始图转换为更小的图。实际上，DiffPool 是使用两个额外的图卷积网络来实现图的 Pooling 操作。它的表达式为

$$C^{(t-1)} = \text{softmax}(\text{GCN}_{\text{pool}}^t(A^{(t-1)}, X^{(t-1)}))$$

$$Z^{(t-1)} = \text{GCN}_{\text{embed}}^t(A^{(t-1)}, X^{(t-1)})$$

$$X^t = C^{(t-1)^{\text{T}}} Z^{(t-1)},$$

$$A^t = C^{(t-1)^{\text{T}}} A^{(t-1)} C^{(t-1)}$$

在 DiffPool 变换之后，生成一个新的特征矩阵 X^t 和邻接矩阵 A^t，用于表示新的小图。第一个图卷积网络 $\text{GCN}_{\text{pool}}^t$ 决定新图具有多少个顶点，第二个图卷积网络 $\text{GCN}_{\text{embed}}^t$ 决定每个顶点的属性向量的长度。

4.4　本　章　小　结

本章对图神经网络进行整体介绍。首先介绍图神经网络的基本定义，然后阐述其重要性，最后介绍主流的模型。

参 考 文 献

[1] Kipf T N, Welling M. Semi-supervised classification with graph convolutional networks. arXiv Preprint arXiv:1609.02907, 2016.

[2] Eyerman S, Heirman W, Du Bois K, et al. Many-core graph workload analysis//International Conference for High Performance Computing, Networking, Storage and Analysis, 2018: 282-292.

[3] Lerer A, Wu L, Shen J, et al. Pytorch-biggraph: a large-scale graph embedding system. arXiv Preprint arXiv:1903.12287, 2019.

[4] DEEPMIND. Graph nets library. https://deepmind.com/research/open-source/graph-nets-library [2018-06-04].

[5] Yang H. Aligraph: a comprehensive graph neural network platform//Proceedings of the 25th ACM SIGKDD International Conference on Knowledge Discovery & Data Mining, 2019: 3165-3166.

[6] Alibaba. A distributed graph deep learning framework. https://github.com/alibaba/euler[2019-06-22].

[7] Tencent . Plato. https://github.com/Tencent/plato[2019-11-16].

[8] Veličković P, Cucurull G, Casanova A, et al. Graph attention networks. arXiv Preprint arXiv:1710.10903, 2017.

[9] Zhang J, Shi X, Xie J, et al. GaAN: gated attention networks for learning on large and spatiotemporal graphs. arXiv Preprint arXiv:1803.07294, 2018.

[10] Lee J B, Rossi R, Kong X. Graph classification using structural attention//Proceedings of the 24th ACM SIGKDD International Conference on Knowledge Discovery & Data Mining, 2018: 1666-1674.

[11] Abu-El-Haija S, Perozzi B, Al-Rfou R, et al. Watch your step: learning node embeddings via graph attention//Advances in Neural Information Processing Systems, 2018: 9180-9190.

[12] Wu Z, Pan S, Chen F, et al. A comprehensive survey on graph neural networks. IEEE Transactions on Neural Networks and Learning Systems, 2020, 32(1): 4-24.

[13] Wang C, Pan S, Long G, et al. Mgae: marginalized graph autoencoder for graph clustering// Proceedings of the 2017 ACM on Conference on Information and Knowledge Management, 2017: 889-898.

[14] Pan S, Hu R, Long G, et al. Adversarially regularized graph autoencoder for graph embedding. arXiv Preprint arXiv: 1802.04407, 2018.

[15] De Cao N, Kipf T. MolGAN: an implicit generative model for small molecular graphs. arXiv Preprint arXiv:1805.11973, 2018.

[16] You J, Ying R, Ren X, et al. Graphrnn: a deep generative model for graphs. arXiv Preprint arXiv:1802.08773, 2018.

[17] Li Y, Yu R, Shahabi C, et al. Diffusion convolutional recurrent neural network: data-driven traffic forecasting. arXiv Preprint arXiv:1707.01926, 2017.

[18] Jain A, Zamir A R, Savarese S, et al. Structural-RNN: deep learning on spatio-temporal graphs// Proceedings of The IEEE Conference on Computer Vision and Pattern Recognition,2016: 5308-5317.

[19] Ying Z, You J, Morris C, et al. Hierarchical graph representation learning with differentiable pooling//Advances in Neural Information Processing Systems, 2018: 4800-4810.

[20] Hamilton W, Ying Z, Leskovec J. Inductive representation learning on large graphs//Advances in Neural Information Processing Systems, 2017: 1024-1034.

[21] Xu K, Hu W, Leskovec J, et al. How powerful are graph neural networks//International Conference on Learning Representations, 2018: 1-12.

[22] Weisfeiler B, Lehman A A. A reduction of a graph to a canonical form and an algebra arising during this reduction. Nauchno-Technicheskaya Informatsia, 1968, 2(9): 12-16.

第 5 章　图神经网络的挑战

当前，图神经网络相关算法等已经取得一些成果，但要达到高效执行的效果，其在计算、访存等方面仍然面临巨大的挑战。本章首先介绍现代的主流执行平台，然后对图神经网络的执行过程进行分析，并指出当前图神经网络应用面临的执行瓶颈。通过本章，读者可以很好地了解图神经网络加速面临的问题。

5.1　现代主流执行平台

当前的执行平台众多，本节主要介绍通用平台 CPU、GPU，以及专用平台 TPU、NPU。除此之外，还有专用领域加速器，如 DPU、BPU 等。

1. CPU

CPU 是计算机的运算核心和控制核心，主要用于翻译执行计算机中的指令，处理计算机中的数据。CPU 基本结构框图如图 5-1 所示，其中 DRAM (dynamic random access memory)为动态随机存取存储器。它主要由三部分组成，即运算器(arithmetic and logic unit，ALU)、控制器(control unit，CU)和存储器。其中存储单元包括寄存器堆(register file)和高速缓存(cache)。

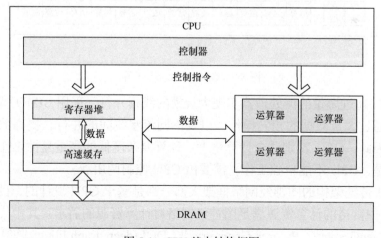

图 5-1　CPU 基本结构框图

　　CPU 遵循冯·诺依曼架构,即程序存储、顺序执行。CPU 的指令流水线大致可以分为 5 个部分,即取指、译码、执行、访存、写回。由此可见,CPU 的大部分资源用于控制调度和存储数据,而计算单元只有很少的部分。因此,CPU 更擅长复杂的控制逻辑,在大规模并行计算上极其受限。

　　CPU 平台因多层次缓存结构与数据预取机制对处理规则型访存应用有较大优势。图神经网络 Aggregation 阶段的不规则访存无法从中获益,并且无法实现计算单元中的数据重用,因此 CPU 平台不能胜任图神经网络的加速工作[1]。

2. GPU

　　GPU 擅长处理图像领域的运算加速。GPU 基本结构框图如图 5-2 所示。GPU 的控制逻辑非常简单,但是使用了数量众多的计算单元和超长的流水线。

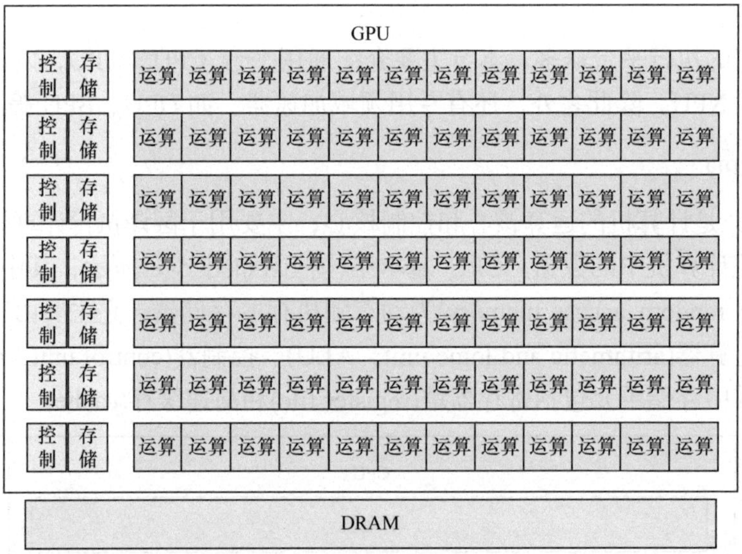

图 5-2　GPU 基本结构框图

　　GPU 通过海量的流处理器实现大规模的线程并行,采用 SIMD 基本结构扩展,通过大量数据的相同操作,以及不同流水线间的并行,提高数据的吞吐率。因此,GPU 特别适合计算量大、计算复杂度低的高重复性工作。值得注意的是,GPU 不能单独工作,需要由 CPU 控制调用。

　　基于传统架构的图神经网络框架大部分都是基于 GPU 设计的,目的是利用 GPU 中富裕的计算资源满足图神经网络对计算资源的需求。其中代表性的工作有 NeuGraph[2]、Pytorch Geometric[3]、DGL(deep graph library)[4]等。

3. TPU

TPU是谷歌专门为加速深层神经网络设计的芯片[5]。其结构如图5-3所示。

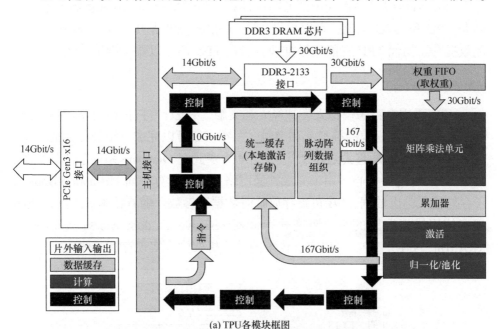

(a) TPU各模块框图

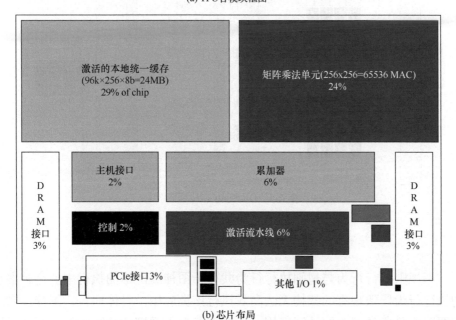

(b) 芯片布局

图 5-3　TPU 的结构[5]

其中心为 256*256*8 位(64K)的 MAC(multiply accumulate)矩阵乘法单元,同时采用高达 24MByte 的可用片上缓存。

TPU 可以提供高吞吐量的低精度计算,同时采用低精度来提高能效。与同期 CPU 和 GPU 相比,可以提供 15~30 倍的性能提升,以及 30~80 倍的能效提升。初代 TPU 只能用做推理,二代 TPU 还可以用于训练神经网络。

4. NPU

NPU 采用电路来模拟人类神经元和突触,并设计专门的深度学习指令集,能够直接处理大规模的神经元和突触,一条指令可以完成一组神经元的处理。NPU 的典型代表是寒武纪芯片[6]。图 5-4 为寒武纪 DianNao 系列芯片的框图。其中 NFU 为运算核心,用于完成神经网络相关的运算,而 NBin 和 NBout 用于存储输入输出数据,SB 负责存放临时数据和参数。随着技术的发展,还出现了使用模拟电路的基于阻变式存储器(resistive random access memory,RRAM)的 NPU。NPU 可以突破传统的计算机架构,实现存算一体化。

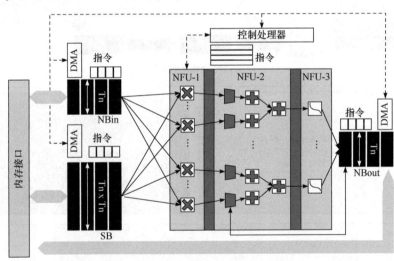

图 5-4　DianNao 芯片框图[6]

5.2　图神经网络的执行分析

不规则执行行为与规则执行行为共存于图神经网络的执行中。这种混合的执行行为导致现有的架构无法高效执行该类应用。具体而言,图神经网络的图遍历阶段类似于图计算应用,具有动态与不规则的执行行为。图神经网络的神经网络变换阶段类似于传统神经网络,表现出静态与规则的执行行为。

下面对图神经网络的执行行为进行量化分析，使读者对其混合执行行为有更直观和深入的理解。

量化实验将图神经网络软件框架 PyTorch Geometric[7]分别运行在传统通用处理器平台 Intel Xeon CPU 和 NVIDIA V100 GPU 上。实验采用的数据集[8]，即图神经网络的典型数据集如表 5-1 所示。IMDB-BIN (IB)是电影演员的合作图数据集，其中顶点对应演员，边表示两个演员曾经有过合作。Citeseer(CS)、Cora(CR)和 Pubmed(PB)是引文图数据集，顶点表示作者，边表示引用关系。Collab(CL)数据集是一个科研人员的合作图数据集，顶点表示科研人员，边表示两科研人员曾经有过合作。Reddit(RD)是社区论坛图数据集，其中顶点对应用户，边表示两用户之间产生过讨论。

表 5-1　图神经网络的典型数据集[8]

数据集	顶点数	特征长度	边数	存储空间/MByte	简介
IMDB-BIN	2647	136	28624	1.5	IMDB 网站电影合作网络
Cora	2708	1433	10556	15	机器学习领域文献分类网络
Citeseer	3327	3703	9104	47	文献引用网络
Collab	12087	492	1446010	28	科研合作网络
Pubmed	19717	500	88648	38	文献引用网络
Reddit	232965	602	114615892	972	Reddit 新闻网站社交网络图

1. 执行时间分析

本节首先在表 5-1 所列举的常见数据集上分别执行图卷积网络(记为 GCN)[9]、GraphSage (记为 GSC)[10]和 GINConv(记为 GIN)[11]等典型的图神经网络模型，并对执行时间进行分析。如图 5-5 所示，Aggregation 和 Combination 阶段都可能占用大部分的执行时间。这意味着，两者都需要加速。

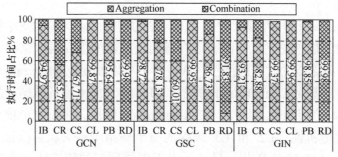

图 5-5　Aggregation 阶段和 Combination 阶段的执行时间分析

　　不同数据集的执行时间因特征向量的长度和图神经网络模型的执行流程而异。例如，CR 和 CS 数据集的特征向量长度较长，会导致图卷积网络和 GraphSage 在 Combination 阶段花费更多的时间。由于 GINConv 首先执行 Aggregation 阶段，因此与其他两个模型稍有不同，它没有先通过 Combination 阶段降低特征向量的长度，在 Aggregation 阶段会花费更多的时间。

　　2. 混合执行行为分析

　　下面对图神经网络应用在 CPU 和 GPU 上的执行结果进行量化分析，说明其混合执行行为的特征。表 5-2 所示为在 CPU 上对 Collab(CL)数据集[8]执行图卷积网络[9]模型的具体结果。表 5-3 所示为在 GPU 上对 Reddit(RD)数据集[8]执行 GSC[10]模型的具体结果。

表 5-2　图神经网络执行行为在 CPU 上的结果

项目	Aggregation	Combination
每一个计算操作的访存量/byte	11.6	0.06
每一个计算操作的访存能耗/nJ	170	0.5
L2 Cache MPKI	11	1.5
L3 Cache MPKI	10	0.9
同步时间占比/%	—	36

表 5-3　图神经网络执行行为在 GPU 上的结果

项目	Aggregation	Combination
每一个计算操作的访存量/byte	2.35	0.01
计算单元利用率/%	50	90
执行 IPC	1.78	2.49
L2 Cache 命中率/%	6.87	82.5

　　Aggregation 阶段在很大程度上依赖图的结构。不规则的图结构导致大量动态计算和不规则访问。因此，现有通用处理器的缓存层次结构无法很好地挖掘特征向量数据的时间局部性。从表 5-2 可以发现，Aggregation 阶段中的每个操作都需要比 Combination 阶段从 DRAM 访问更多的数据，从而导致更高的 DRAM 访问能耗。此外，在 Aggregation 阶段，由于每个顶点的邻居顶点具有高度随机性，L2 和 L3 缓存的每千条指令缺失次数(misses per kilo instructions，MPKI)极高[11]。另外，由于邻居顶点的随机性，无法事先预测

特征向量的访存地址，因此不规则访问使传统通用处理器的数据预取机制失效[12]，进而产生大量无效的内存访问。

Combination 阶段使用同一个多层感知机神经网络为每个顶点执行矩阵向量相乘进行顶点特征向量的变换。因此，该阶段执行静态计算和规则访问。如表 5-3 所示，Combination 阶段中的每个操作仅需从 DRAM 访问少量数据。这是因为矩阵向量乘的计算量很大，并且多层感知机的权重矩阵在顶点之间广泛共享。CPU 对共享数据进行复制和线程之间同步的执行时间开销，最多可达到 36%。同样，GPU 平台上也有类似的执行结果出现。

根据以上分析，如表 5-4 所示，图神经网络中存在混合的执行行为。Aggregation 阶段表现出动态且不规则的执行行为，受内存约束，而 Combination 阶段的执行行为则是静态且规则的，受计算约束。

表 5-4　图神经网络执行行为总结

项目	Aggregation	Combination
数据访问模式	间接&不规则	直接&规则
数据复用	低	高
计算模式	动态&不规则	静态&规则
计算强度	低	高
执行约束	内存	计算

5.3　图神经网络的执行挑战

源于图遍历的不规则性和神经网络变换的规则性，图神经网络具有混合执行行为，即不规则执行行为和规则执行行为共存。不规则的执行行为由遍历邻居的负载不规则性和遍历不规则性产生。由于所有的顶点在图神经网络的每次迭代(层)中都需要更新，因此不存在传统图计算中的更新不规则性。规则的执行行为由更新顶点属性的神经网络变换导致，源于变换规则性。变换规则性指所有顶点属性变换使用同一个基于多层感知机的神经网络。因为所有顶点的属性更新使用同一个多层感知机，并且同一层的神经元链接模式是全链接且完全相同的，所以更新顶点属性的执行行为非常规则。

混合执行的行为给图神经网络带来诸多挑战，使对其进行加速的工作在计算和访存方面遇到瓶颈，同时在编程方面亦有许多问题。下面依次从上述几个方面进行分析。

5.3.1　计算的挑战

图神经网络计算单元的设计面临许多挑战，例如负载不规则性导致的负载不均衡；遍历不规则性导致的密集读后写冲突；变换规则性引发的大量并行性和可重用的数据。对于图神经网络加速，其面临的主要挑战是如何高效挖掘大量的细粒度并行性和充分利用大量的可共享数据。

图神经网络主要包含两个核心阶段，即 Aggregation 和 Combination。在 Aggregation 阶段，每一个顶点都遍历各自的邻居顶点并执行 Aggregate 函数，以聚合邻居顶点的属性信息。在 Combination 阶段，每个顶点的聚合结果都通过 Combine 函数利用神经网络进行变换，以获得新的属性。

细粒度的并行性源于同一顶点的 Aggregate 函数和 Combine 函数可以流水执行，并且不同顶点的处理可以同时执行。通常来说，在 Aggregation 阶段，所有的顶点可以同时根据边表数据执行 Aggregate 函数，收集邻居顶点的属性向量，并且 Aggregate 函数对每个属性向量的元素单独操作，所以不仅具有边的并行，还具有内部顶点的并行。在 Combination 阶段，所有的顶点可以同时进行基于神经网络的变换操作，不仅具有顶点间的并行性，还具有向量矩阵乘并行。除此之外，每个顶点的 Aggregate 函数和 Combine 函数可以流水执行，也就是 Aggregation 阶段和 Combination 阶段可以融合执行[13]。

传统的 CPU 是 latency-oriented 架构，倾向于利用复杂的逻辑结构减少计算任务的运行时间。CPU 的并发线程数和处理核数有限，对并行性的挖掘能力有限，因此无法挖掘如此富裕的并行性。GPU 是 throughput-oriented 架构，倾向于提高整体的吞吐量，同时并发上万条线程。GPU 架构通常对粗粒度并行性的挖掘支持甚好。例如，NVIDIA 基于它们的硬件架构提出 cuBLAS 库，用于挖掘矩阵乘等粗粒度操作的并行性。因此，利用这些硬件优化的矩阵乘操作能够有效地执行 Combination 阶段。但是，Combination 阶段和 Aggregation 阶段需要单独执行，无法实现两阶段的融合执行，即两阶段无法流水执行，造成大量对中间结果数据的冗余访问。如果要在 GPU 实现两阶段的融合执行，则需要细粒度的同步机制。然而，在无法高效支持细粒度同步的 GPU 上，挖掘细粒度并行性的同步开销和通信开销极大。此外，在 Aggregation 阶段中，由于每个顶点的邻居数目不均匀，因此每个顶点的计算图通常是不一样的[13]，进而导致动态且不规则的计算。然而，专注于挖掘规则计算的 GPU，并不能高效支持这种动态且不规则的并行计算。

大量可共享的数据存在于图神经网络的 Combination 阶段中，如何提高执行效率也是一项极具挑战性的任务。由于所有顶点都基于同一个神经网络完成顶点属性向量的变换，因此神经网络的权重参数被共享于每一个顶点的 Combine 函数中。如果这些可共享数据能够被高效的数据流支持，在计算单元之间被高效地复用，从而减少对片上存储频繁且冗余的访问，则能大大提高计算效率。

然而，由于权重矩阵会被所有顶点共享，因此需要将权重数据共享于多个处理核或者线程中，大量的数据拷贝操作会造成极大的通信开销。例如，在 Intel Xeon CPU 上造成 36%的额外执行时间[13]，即使是在同一个处理核内，处理核内的计算单元之间也无法像谷歌 TPU[5]那样以 weight-stationary 方式复用权重数据。

5.3.2　访存的挑战

图神经网络对访存的挑战来源于间接且不规则的粗粒度访存，造成顶点属性数据在缓存和 DRAM 之间进行频繁的替换，因此缓存的缺失率非常高。

间接且不规则的粗粒度访存来源于图的无结构特性和粗粒度的数据更新，但与传统图计算应用的不规则访存具有不一样的特征。在图神经网络中，顶点的属性是一个具有上百个元素的特征向量，大小达到上千个字节以上，需要多个 Cacheline 才能缓存，具有一定的空间局部性，所以 Cacheline 的利用率非常高[14]。然而，也正是特征向量过大，在同等容量的缓存中，只能缓存少量的顶点属性向量，使数据复用距离严重增加。因此，在邻居顶点信息收集的过程中，特征向量被频繁地替换，缓存的缺失率非常高。虽然片外访存的粒度较大，能够有效地挖掘 DRAM Row Buffer 的数据局部性，但是同样频繁的替换会导致大量的片外访存，需要更多的带宽[14]。

5.3.3　灵活性与可编程性

图神经网络算法发展迅速，典型的图神经网络算法主要有图卷积网络[9]、GraphSage[10]、GINConv[11]等。针对迅速发展的图神经网络算法，硬件必须具有一定的可编程性和灵活性适应这些算法。当前，芯片设计专用化成为一种趋势，然而专用加速芯片很难同时兼顾性能和通用性。

相对于 CPU 和 GPU，大部分的图神经网络加速芯片只支持图神经网络的推断，并不支持图神经网络的训练。此外，图神经网络加速芯片的功能部件被定向精致优化，导致其无法持续高效地加速不断演化的图神经网络模型，甚至无法支持具有复杂激活函数的图神经网络。

如何在提高性能的同时，使专用加速器能够适应更多的算法，是设计图神经网络加速器的重要挑战之一。

5.4 本 章 小 结

本章首先介绍当前主流的执行平台，然后对图神经网络的执行过程进行详细分析，进而对加速图神经网络的过程中会遇到的执行挑战进行系统性分析，为后续章节将要介绍的图神经网络加速芯片设计打好基础。

参 考 文 献

[1] Chen Y H, Krishna T, Emer J S, et al. Eyeriss: an energy-efficient reconfigurable accelerator for deep convolutional neural networks. IEEE Journal of Solid-State Circuits, 2016, 52(1): 127-138.

[2] Ma L, Yang Z, Miao Y, et al. Neugraph: parallel deep neural network computation on large graphs//2019 USENIX Annual Technical Conference, 2019: 443-458.

[3] Fey M, Lenssen J E. Fast graph representation learning with Pytorch geometric. https://arxiv.org/pdf/1903.02428.pdf[2019-02-21].

[4] Wang M, Yu L, Zheng D, et al. Deep graph library: towards efficient and scalable deep learning on graphs. https://cs.nyu.edu/~lingfan/resources/dgl-iclr19-rlgm.pdf[2019-02-03].

[5] Jouppi N P, Young C, Patil N, et al. In-datacenter performance analysis of a tensor processing unit//Proceedings of the 44th Annual International Symposium on Computer Architecture, 2017: 1-12.

[6] Chen Y, Luo T, Liu S, et al. Dadiannao: a machine-learning supercomputer//The 47th Annual IEEE/ACM International Symposium on Microarchitecture, 2014: 609-622.

[7] Fey M, Lenssen J E. Fast graph representation learning with PyTorch Geometric//ICLR Workshop on Representation Learning on Graphs and Manifolds, 2019, 7: 1-9.

[8] Kersting K, Kriege N M, Morris C, et al. Benchmark data sets for graph kernels. http://graphkernels.cs.tu-dortmund.de[2016-10-15].

[9] Kipf T N, Welling M. Semi-supervised classification with graph convolutional networks. https://arxiv.org/pdf/1609.02907.pdf[2019-03-21].

[10] Hamilton W, Ying Z, Leskovec J. Inductive representation learning on large graphs// Advances in Neural Information Processing Systems, 2017: 1024-1034.

[11] Xu K, Hu W, Leskovec J, et al. How powerful are graph neural networks. https://arxiv.org/pdf/1810.00826[2019-06-01].

[12] Dahlgren F, Dubois M, Stenstrom P. Sequential hardware prefetching in shared-memory multiprocessors. IEEE Transactions on Parallel and Distributed Systems, 1995, 6(7): 733-746.

[13] Tumeo A, Feo J. Irregular applications: From architectures to algorithms. Computer, 2015, 48(8): 14-16.

[14] Yan M, Chen Z, Deng L, et al. Characterizing and understanding GCNs on GPU. IEEE Computer Architecture Letters, 2020, 19(1): 22-25.

第 6 章　图神经网络芯片设计

第五章系统分析了图神经网络应用在执行时所面临的挑战。为了解决这些问题，需要设计面向图神经网络的专用芯片，为图神经网络应用提供充足高效的专属算力。本章首先阐述为什么需要专用加速芯片，以及专用加速芯片的设计原则。然后，介绍图神经网络算法与芯片的映射关系。本章以全球首款图神经网络加速结构 HyGCN[1]为实例，对图神经网络芯片设计方法进行更直观的讲解。最后，从不同层次总结目前已有的图神经网络加速结构的关键优化技术。

6.1　图神经网络芯片的设计艺术

6.1.1　摩尔定律放缓和登纳德缩放比例定律失效

在过去的几十年里，通用处理器性能的提升依赖集成电路工艺的进步，其发展基本遵循摩尔定律。摩尔定律由英特尔创始人之一戈登·摩尔提出，其核心内容为集成电路上可以容纳的晶体管数目大约每经过 24 个月便会增加一倍。换言之，处理器的性能每隔两年翻一倍。

尽管摩尔定律已有几十年的历史，但它在 2000 年左右开始放慢，到 2018 年，摩尔定律与实际晶体管密度的差距高达 15 倍，而随着 CMOS 技术接近极限，这种差距将继续扩大。以 Intel 微处理器单个芯片为例，摩尔定律与实际晶体管密度如图 6-1 所示。

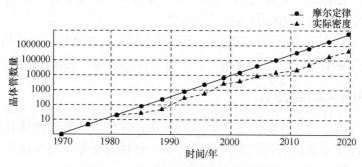

图 6-1　摩尔定律与实际晶体管密度[2]

　　伴随摩尔定律的是罗伯特·登纳德总结出的关于功耗的规律,称为登纳德缩放比例定律即随着晶体管密度的增加,单个晶体管的功耗将下降,因此每平方毫米硅的功率将接近恒定。由于每一代新技术都会增加平方毫米的硅的计算能力,因此计算机将变得更加节能。

　　登纳德缩放比例定律从 2007 年开始放缓,到 2012 年几乎消失为零。芯片单位面积晶体管功耗如图 6-2 所示。登纳德缩放比例定律的终结意味着,架构师必须找到更有效的方式提高并行性。

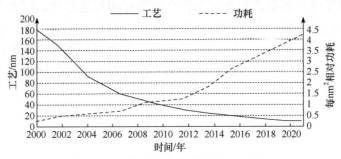

图 6-2　芯片单位面积晶体管功耗[2]

　　在 1986~2002 年,利用指令级并行性(instruction level parallelism,ILP)是提高性能的主要架构优化方法。随着晶体管速度的提高,每年的性能提高约 50%。考虑分支预测技术,ILP 容易导致低效率,当猜测正确时,预测可以提高性能,而且几乎不增加能源成本。然而,当猜测错误时,处理器必须丢弃错误推测的指令,同时内部状态也必须恢复到猜测错误之前,导致消耗更多的时间和能量。改进分支预测技术非常困难,如果将浪费时间控制在 10%,处理器必须在 99.3%的时间内正确预测每个分支,很少有通用程序具有可以如此精确地预测的分支,因此技术人员开始采用多核结构。然而,根据 Amdahl定律,并行计算机的加速受到顺序计算部分的限制,多核并不能解决登纳德缩放比例定律终止后加剧的节能计算难题。

　　如图 6-3 所示,随着登纳德缩放比例定律的终止和摩尔定律的放缓,电路的性能提升变得非常有限。因此,迫切需要新的架构方法提高电路的性能。

6.1.2　面向专用领域的设计

　　为了提高处理器性能,主要有两种方法,软件方法是通过优化代码或采用新的编译技术来提高代码翻译执行效率;硬件方法是针对特定领域采用专用的架构,称为 DSA(domain specific architecture)。

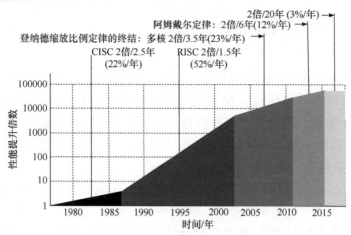

图 6-3　计算机性能提升情况[2]

DSA 具有更好的性能和更高的能效。

(1) DSA 采用更有效的并行方案。例如，SIMD 比多指令多数据(multiple instruction multiple data，MIMD)更高效，只需要获取一个指令流就可以计算多组数据流。超长指令字(very long instruction word，VLIW)也可用于 DSA，虽然 VLIW 对于通用代码并不好用，但 VLIW 控制简单，在特定领域的效率很高。

(2) DSA 可以高效利用内存的层次结构。对于通用处理器运行的代码，存储器访问通常具有空间和时间局部性，但在编译时很难预测，因此 CPU 使用多层 cache 挖掘访问的局部性。这些 cache 会占据 CPU 能耗的一半，甚至更多。对于专用领域的语言(domain specific language，DSL)程序，内存访问模式在编译时就已经进行了具体的定义。相比于动态缓存分配，程序员和编译器能够更好地对访存进行优化。因此，DSA 通常由软件直接对访存进行控制，程序员控制的存储器能耗要低于 cache。

(3) DSA 可以降低精度。CPU 一般为 32bit 或 64bit 浮点数，而机器学习等应用则不需要很高的精度。例如，一般的 NPU 采用 4bit、8bit、16bit 整型数据，可以大大提高数据和计算的吞吐率。

(4) DSA 采用 DSL，如 TensorFlow、Halide 等。这些语言能使程序更好地映射到 DSA 芯片，进而挖掘并行性，提高内存访问情况。

6.2　图神经网络算法到芯片的映射

本节首先描述图神经网络的编程模型，然后介绍编程模型的算子与各个硬件模块之间的映射关系。

6.2.1 图神经网络编程模型

图神经网络首先将图数据转变为低维空间的数据，同时保留图的结构，以及原始的顶点属性信息，接着通过神经网络进行后续的训练和推断。在 Aggregation 阶段，每个顶点都遍历各自邻居顶点并执行 Aggregate 函数聚合邻居顶点的属性信息。在 Combination 阶段中，每个顶点的聚合结果都会被 Combine 函数变换，进而获得新的属性数据。

Aggregation 阶段可以通过基于 Gather 或 Scatter 的方法实现。基于 Scatter 的方法通常伴随大量的原子操作，并在所有顶点的处理之后同步，因此执行的并行程度将有所降低[3]。基于 Gather 的方法能够更加容易地控制程序执行，并同时保留执行并行性。由于图神经网络算法会引发密集的访存和顶点计算操作，因此可通过以边为中心的编程模型进一步挖掘算法的执行并行度。在以边为中心的编程模型中，每个顶点的多条入边(即邻居顶点)可以在流水线中进行聚合运算，进而每个顶点的负载可以切分为多个小型子负载，并分配给多个运算单元实现并行计算。

Combination 阶段中每个顶点的运算模式与多层感知机类似，因此可以通过矩阵向量乘法操作(matrix-vector multiplication, MVM)实现。

算法 6-1 展示了以边和 MVM 为中心的图神经网络编程模型。在该编程模型中，对于每个顶点$v \in V$，首先读取其采样后的邻居编号，每个编号与一条由顶点 v 和邻居顶点 u 形成的边相关，即 $e(u,v)$。通过遍历所有采样后的边，即可通过 Aggregate 函数，将所有与顶点 v 相关的邻居顶点的特征向量聚合至顶点 v 的特征向量中。然后，通过 Combine 函数和 MVM 操作完成 Combination 阶段的运算。

算法 6-1：图神经网络编程模型

```
初始化 SampleNum; SampleIndexArray
for v∈V do
 agg_res ← init();
 sample_idxs ← SampleIndexArray[v.nid];
  for  sample_idxin sample_idxs do
    e(u,v) ← EdgeArray[sample_idx];
    agg_res← Aggregate(agg_res, u.feature)
  end
      v.feature ← Combine(agg_res,weights, biases);
end
```

由于不是必需的操作，算法 6-1 并未明确包含 Pool 和 Readout 操作。事实上，Pool 操作可以由两个图卷积网络和一个额外的矩阵操作完成。该编程模型可以很好地适配图卷积网络。Readout 操作可以通过增加一个与图中所有顶点均相连的额外顶点的方式实现。

6.2.2 编程模型到芯片的映射

根据计算机的金字塔组织结构，图神经网络编程模型算子到芯片的映射主要分为三大层次，即计算层次、片上存储层次和片外存储层次。如图 6-4 所示，从金字塔顶端出发，图神经网络在映射至各层次的过程中，会面临不同的挑战。

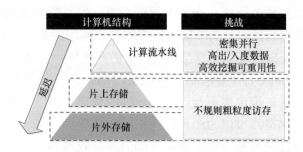

图 6-4 计算机金字塔组织结构与图神经网络面临的挑战

1. 计算层次

图神经网络编程模型中潜藏着大量可并行性，如何高效挖掘并行性，是面向图神经网络应用的芯片在计算层面临的核心挑战。

受限于计算资源或线程同步开销，传统架构无法为图神经网络应用提供轻便且高效的并行执行方式，现有解决方案的核心思路是利用脉动阵列减少权重数据的共享开销。

2. 片上存储层次

由于图的不规则性，图神经网络在 Aggregation 阶段，存在严重的不规则粗粒度访存行为。这将导致片上存储命中率低等诸多问题，给面向图神经网络应用的芯片在片上存储层次带来极大挑战。

目前主要的解决思路是，采用大容量片上存储和批量处理技术挖掘粗粒度访存数据的空间局部性和时间局部性，从而避免频繁的数据替换。

3. 片外存储层次

不规则的粗粒度访存行为同样也成为面向图神经网络应用的芯片在片外存储层次中的主要挑战。大量频繁的不规则访存导致片外预取效率低和带宽利用率低等问题。

现有的主要解决思路是基于特定的图数据划分方法提升预取效率，以及通过消除图稀疏性等技术来提升带宽的利用效率。

6.3 图神经网络芯片设计案例

如同本书前面章节所述，在人工智能飞速发展与数据量爆炸式增长的时代，众多现实应用场景通过图结构表达个体及个体间的关系。如图 6-5 所示，图神经网络同时集成传统图计算与神经网络的双重优势，具有逻辑推理能力，被业界认为是推动人工智能从感知智能阶段向认知智能阶段发展的重要方法。图神经网络的进步也离不开计算机硬件的快速发展。计算机硬件计算、存储等能力的大幅提升可以为图神经网络的成功应用提供保障。不断发展成熟的图神经网络算法亟需专用加速芯片助力其高效地执行，从而弥补传统架构及其他加速结构在处理图神经网络时的先天不足。下面以图神经网络加速结构 HyGCN[1]为例，介绍其设计中如何应对各项执行挑战。

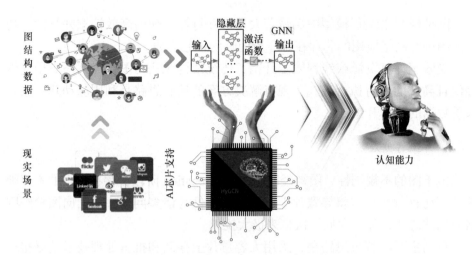

图 6-5　图神经网络加速芯片的发展路线

6.3.1 HyGCN 设计思想

不规则执行行为与规则执行行为共存于图神经网络的执行中。为了加速这类新兴的图智能算法,加速结构设计需要既能消除不规则性对性能的影响,又能利用规则性提高执行效率。此外,为了获得更高的性能和能效,结构设计还需要挖掘图遍历阶段顶点内的并行性、重用神经网络变换阶段的顶点间高度可重复使用的参数数据,以及融合图遍历阶段和神经网络变换阶段的执行。然而,现有的处理器结构无法满足这些需求,而高效的加速结构可以及时实现高性能和高能效并推动图神经网络的发展,因此 HyGCN 应运而生,从而为图神经网络的执行提供高效的专属算力。

HyGCN 的设计理念是利用混合结构分别处理不规则的执行行为和规则的执行行为。HyGCN 结构包含细粒度并行编程模型、图遍历引擎、神经网络引擎和混合结构的协调方案,来应对不同层次的执行挑战。为了克服图神经网络顶点遍历过程中特有的不规则访问,我们提出窗口滑动收缩机制来减少不规则访问,并提高带宽的利用效率。为了利用图神经网络变换过程中特有的变换规则性,我们设计了多粒度脉动阵列,并提出两种工作方式权衡顶点的处理延迟与处理功耗。下面依次从计算、片上访存和片外访存三个层次对 HyGCN 的设计中如何应对相应挑战进行讲解。

6.3.2 HyGCN 应对计算层次挑战

每个顶点的 Aggregate 函数的计算图是不规则的,而 Combine 函数是规则的。由于每个顶点的邻居顶点数目不一样,因此执行不同顶点的 Aggregate 函数会有不同的计算图。由于每个顶点在执行 Combine 函数的时候共享同一个神经网络并且每层的神经元都具有相同的连接,因此所有顶点的计算图都是相同的。为了高效支持不规则计算图,利用规则计算图提高执行效率,HyGCN 分别设计了两个引擎,即图遍历引擎和神经网络引擎。引擎之间通过协调器协调流水执行和 DRAM 访问。HyGCN 结构概览如图 6-6 所示。

1. 图遍历引擎的计算优化

图遍历引擎由若干个 SIMD 核(Core)和边调度器组成。为了优化图遍历的计算,HyGCN 使用顶点分散处理模式调控 SIMD Core 的执行。它将每个顶点的特征向量处理任务分配给所有的 SIMD Core,每个 SIMD lane 完成特征向量中一个元素的 Aggregation。如果一个顶点的处理任务不能使用完所有

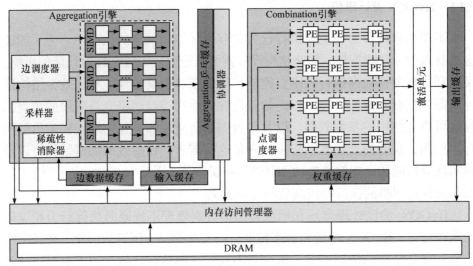

图 6-6　HyGCN 结构概览

SIMD Core，则可以将剩余顶点的处理任务分配给空闲的 SIMD Core。与将每个顶点的特征向量操作交给单个 SIMD Core 执行的集中处理模式相比。第一，分散处理模式中所有 SIMD Core 总是忙碌而不会出现负载不平衡；第二，由于特征向量的所有元素都可以并行执行，即已利用顶点内的并行性，因此分散处理模式中单个顶点的顶点处理延迟小于集中处理模式中多个顶点同时处理的平均延迟。此外，得到的 Aggregation 特征向量还可以立即作为后续神经网络引擎执行的输入数据。

2. 神经网络引擎的计算优化

神经网络引擎主要由多个小的脉动阵列和点调度器组成。如图 6-7 所示，

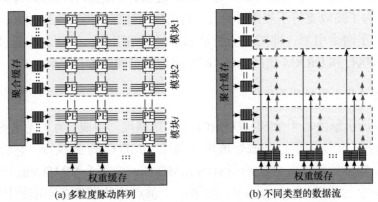

(a) 多粒度脉动阵列　　　(b) 不同类型的数据流

图 6-7　神经网络加速引擎设计

为了使其配合图遍历引擎的处理模式,神经网络引擎集成了多个小脉动阵列。每一个小脉动阵列在 HyGCN 中称为脉动模块。这些脉动模块可以组合形成大脉动阵列,提供多粒度的使用方式。其中包括每个模块单独工作的独立工作模式和所有模块一起工作的协同工作模式。

1) 独立工作模式

如图 6-8(a)所示,在此模式下,每个脉动模块彼此独立工作。它们每个都处理一小组顶点的 MVM 操作。在这种情况下,每个模块的权重参数都可以直接从权重缓存访问并在模块内重复使用。此模式的优点是较低的顶点处理延迟,因为一旦 Aggregation 特征向量准备好,就可以立即处理这组顶点的 Combination 操作,而无需等待更多的顶点完成 Aggregation 操作。此模式与图遍历引擎的顶点分散处理模式非常匹配。

2) 协同工作模式

如图 6-8(b)所示,除了独立工作模式之外,这些脉动模块可以进一步组装在一起来同时处理更多的顶点。此模式要求在执行 Combination 操作之前将一大组顶点的 Aggregation 特征向量组合在一起,然后再处理。其优势在于权重参数可以从权重缓存逐渐流向所有的脉动模块,也就是所有脉动模块都可以重用参数。这有助于降低能耗。

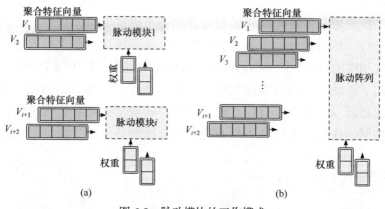

图 6-8　脉动模块的工作模式

6.3.3　HyGCN 应对片上访存层次挑战

为了挖掘各种数据的局部性,HyGCN 为具有不同访存模式的数据设计了不同的缓存。每个顶点的边表大小不固定,所以对于边数据的访存,HyGCN 基于 eDRAM 提供了一种支持细粒度访存(32Byte)的边缓存。每个顶点的输入特征向量一般都在 128 个元素以上。HyGCN 基于 eDRAM 和多个 bank 进行设计，提供了一种支持粗粒度访存(512Byte)和高吞吐量的输入缓存。权重矩阵的数据是按时钟顺序访问的，并且每列的权重元素一般多于 128 个。但是，脉动阵列无法在 1 个时钟消耗如此多的数据，所以将权重缓存的访存粒度设置为与脉动阵列的先进先出队列相同的大小。由于每个顶点的输出向量由脉动阵列产生，访存粒度细，因此 HyGCN 基于 eDRAM 和多个 bank 进行设计，提供一种支持细粒度访存(4Byte)和高吞吐量的输出缓存。在此基础上，HyGCN 为上述每个缓存增加 1 倍的存储空间，实现双缓冲机制，以掩盖访存延迟。除此之外，HyGCN 还在图遍历引擎和神经网络引擎之间增加乒乓缓存，一方面用于缓存图遍历引擎的中间结果，另一方面用于流水图遍历引擎和神经网络引擎的执行。

6.3.4 HyGCN 应对片外访存层次挑战

为了提高片外带宽的利用率，HyGCN 借鉴区间(interval)和块(shard)的抽象概念[4,5]，将顶点平均分成若干个区间，然后根据区间将邻接矩阵分成若干块。在进行计算的时候，每个块内所有源顶点的特征向量被读入输入缓存中。由于访存非常连续且规则，因此带宽的利用率非常高。然而，稀疏特性导致的大量读入特征向量数据均非所需，所以 HyGCN 通过基于窗口滑动收缩的方法来消除稀疏。

其关键思想是，首先从邻接矩阵顶端往下滑动窗口，直到有边出现在窗口的最上行，然后通过从下往上收缩窗口，直到窗口的最下行出现边。窗口与块具有相同的大小。图 6-9(a)示例了窗口滑动过程。对于每个顶点区间，窗口逐渐向下滑动，直到边出现在窗口最顶行才停止。然后，创建一个具有相同大小的新窗口，其顶部行位于前一个窗口的底部行之后。每个窗口的停止条件都相同。这样，窗口会不断产生，向下滑动并停止。窗口停止的所有位

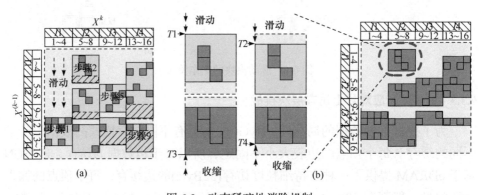

图 6-9 动态稀疏性消除机制

置都记录为有效块。尽管窗口滑动可以捕获大多数有效边，窗口的底部仍然存在稀疏(图 6-9(a)中虚线框)。这是因为上述滑动方向只是向下。为了减少虚线框中的稀疏，该工作在每个窗口滑动结束后收缩窗口。具体来说，每个窗口从最底行向上收缩，直到遇到边，然后窗口缩小。图 6-9(b)详细说明了一个窗口的滑动和收缩过程，并给出最终所有的有效块。由于窗口收缩，因此最终各个块的大小通常有所不同。

上述方法能够消除大量由稀疏导致的无效访存。该方法对图神经网络有效的原因在于，图神经网络中特征向量的元素数目是传统图计算顶点属性个数的百倍以上。因此，即使窗口滑动收缩方法在传统图计算上开销大，但是在图神经网络中的收益却是十分可观的。

为了协调两个引擎之间的片外访存，HyGCN 设计了基于优先级的动态内存调度。图遍历引擎从片外主要读取的数据为边数据和输入特征向量。神经网络引擎从片外主要读取的数据为权重，写入片外的数据为输出向量。如图 6-10(a)所示，这些数据的片外访存请求会同时进行，访存地址的不连续会导致 DRAM 的 row buffer 命中率低，访存延迟增加 50%[6]以上。为了提高 row buffer 的命中率，HyGCN 首先对这些访存请求进行处理，合并具有连续地址的访存请求(图 6-10(b))。然后，HyGCN 按照处理顶点计算的数据请求顺序，执行片外数据请求。最后，HyGCN 利用低地址段寻址 bank 和 channel，从而挖掘 DRAM 的 bank 和 channel 级别访存并行性。

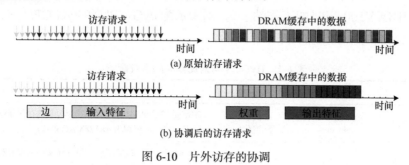

图 6-10　片外访存的协调

6.3.5　实验分析

1. 评估方案

HyGCN 的性能和功耗通过以下工具进行评估。

1) 加速结构模拟器

为了评估性能，该工作设计并实现了定制的 cycle-accuracy 模拟器，以周期数衡量执行时间。该模拟器可对设计中每个硬件模块的微体系结构行为进行建模。此外，性能模型还可以实现详细的 cycle-accuracy 片上缓存模型。集成的内存模拟器 Ramulator[7]模拟对高带宽存储器(high bandwidth memory，HBM)的内存访问行为。

2) 计算机辅助设计(computer aided design，CAD)工具

对于面积、功率和关键路径延迟(以周期为单位)的测量可以实现每个硬件模块的 Verilog 版本，使用 Synopsys Design Compiler 和台积电 12nm 工艺进行综合，并使用 Synopsys PrimeTime PX 估算功耗。最慢模块的关键路径延迟为0.9ns(包括建立和保持时间)，因此 HyGCN 可以在 1GHz 的频率下运行。

3) 片上和片外存储测量

使用 Cacti 6.5[8]估算片上缓存 embedded DRAM(eDRAM)的面积、功耗和访问延迟。由于 Cacti 仅支持低至 32nm 的工艺技术，因此使用四个不同的缩放因子将它们转换为 12nm 工艺技术下的数值[9-11]。对于 HBM 的能耗评估，使用文献[12]，[13]给出的数值 7pJ/bit 估算 HBM 1.0 的访存能耗。

4) 对比基准

为了与最新的工作比较，该工作将 HyGCN 与 PyTorch Geometric(PyG)[14]进行对比。PyTorch Geometric 是基于 CPU 或 GPU 的最先进图神经网络软件框架，被运行在配备了两个 Intel Xeon E5-2680 v3 CPUs 和 378 GB DDR4 内存的 Linux 工作站上或者配备 Intel Xeon E5-2698 v4 CPU、256GB DDR4 内存和NVIDIA V100 GPU 的工作站上，分别表示为PyG-CPU和PyG-GPU。HyGCN与对比基准的系统配置如表 6-1 所示。

表 6-1　HyGCN 与对比基准的系统配置

项目	PyG-CPU	PyG-GPU	HyGCN
计算单元	2.5GHz @ 24 Cores	1.25GHz @ 5120 Cores	1GHz @ 32 个 SIMD16 核和 8 个脉动模块(每个脉动模块组织为 4×128MAC 矩阵)
片上存储	60MB	34MB	128 KB(输入)、2MB(边)、2MB(权重)、4MB(输出)和16MB(聚合)
片外存储	136.5GB/s DDR4	~900GB/s HBM~2.0	256GB/s HBM~1.0

注：GPU 的片上存储包括寄存器堆、L1 和 L2 Cache。

5) 基准图数据集和图神经网络模型

基础图数据集仍采用表 5-1 所示的信息。评估 HyGCN 图神经网络模型的

具体配置如表 6-2 所示。在 PyTorch Geometric 的执行中，如果数据集包含多个图，则随机选择 128 个图组合成一个大图用于 GCN、GSC 和 GIN 模型的执行。对于 DiffPool(DFP) 模型，则使用相同数目的图进行批处理测试。在 HyGCN 上，测试方法与 PyTorch Geometric 相同，但是 DFP 模型的执行有所不同。在 HyGCN 中，小图是被一个接一个地处理，而不是直接进行批处理。

表 6-2　评估 HyGCN 的图神经网络模型的具体配置[1]

模型	采样邻居	聚合&组合(多层感知机)
GCN	—	Add & $\|d_i^k\|$-128
GraphSage(GSC)	25	Max & $\|d_i^k\|$-128
GINConv(GIN)	—	Add & $\|d_i^k\|$-128-128
DiffPool(DFP)	GCN$_{pool}$	GCN$_{embedding}$
	Min & $\|d_i^k\|$-128	Min & $\|d_i^k\|$-128

注：$\|d_i^k\|$ 表示特征向量 d_i^k 的长度。

2. 实验结果分析

1) 加速比

如图 6-11 所示，计算可得，HyGCN 分别比 PyG-CPU 和 PyG-GPU 平均提高 1509 倍和 6.5 倍的性能。性能的提高来自图遍历引擎和神经网络引擎的独立优化，以及引擎间的流水和协调。首先，SIMD Core 和脉动阵列中的并行处理加快了计算速度。其次，图分块方案和稀疏性消除利用了属性特征向量的重用性，并减少了图遍历引擎中的冗余访问，从而节省 DRAM 带宽。再次，权重参数在图遍历引擎中可以有效地被重用，这也有助于更好地利用带宽。最后，引擎间流水线进一步优化并行性，提高片外访问协调机制 DRAM 的访问效率。

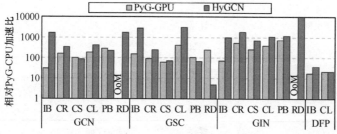

图 6-11　HyGCN 与 PyG-GPU 相对 PyG-CPU 的性能比较(OoM 表示内存耗尽，无法运行)

2) 能耗

如图 6-12 所示，计算可得，与 PyG-CPU 或 PyG-GPU 相比，HyGCN 分别平均仅消耗 0.04%或 10%的能量。所有平台的能耗都包括片外存储器 HBM。尽管 PyG-CPU 和 PyG-GPU 的结果不包括采样操作的开销，但它们仍然很昂贵。例如，在 Reddit(RD)数据集上，GSC 的采样功耗为 2715J。相比之下，在同一模型和数据集上，HyGCN 总的功耗仅为 1.79J。

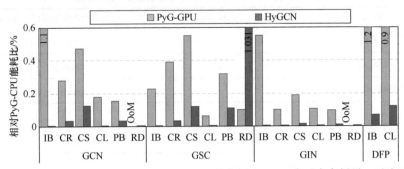

图 6-12　HyGCN 与 PyG-GPU 相对 PyG-CPU 的能耗比(OoM 表示内存耗尽，无法运行)

3) 功率和面积

HyGCN 的总功率和面积分别为 6.7W 和 7.8 mm^2。对于片上缓存，使用 eDRAM 可以减少面积和能耗。对于计算单元，使用足以保障图神经网络推理精度的 32 位整型计算单元，使用加法器和移位器构造图遍历引擎，使用乘累加器、加法器和比较器构造神经网络引擎。HyGCN 的功率与面积如表 6-3 所示。两个引擎的计算逻辑占用大部分的功率(>64%)和面积(>44%)，执行以边为中心的 Aggregation 操作和基于 MVM 的 Combination 操作。协调器占总面积的 35%，因为它具有较大的聚合缓存。

表 6-3　HyGCN 的功率与面积

模块	部件	功耗/%	面积/%
图遍历引擎	缓存	2.37	5.41
	计算	3.85	1.43
	控制	0.48	0.18
神经网络引擎	缓存	14.4	15.13
	计算	60.52	42.96
	控制	0.31	0.07
协调器	缓存	17.66	34.64
	控制	0.41	0.19

6.4　图神经网络芯片相关工作

自 2020 年全球首款面向图神经网络应用的专用加速结构 HyGCN[1]发布后，短时间内，学术界已在该领域产出了多篇不同的硬件加速结构的论文成果。本节对这些工作的关键优化技术进行系统性地总结，总体上仍可按照计算、片上访存、片外访存层次进行划分。下面从上述三个层次对图神经网络芯片设计中的关键优化技术进行介绍。

6.4.1　计算层次关键技术

计算层次受限于计算资源或线程同步开销，传统架构无法为图神经网络应用提供轻便且高效的并行执行方式。从具体优化技术的角度看，图神经网络芯片在计算层次主要的优化目标是充分挖掘并行性能。常见的优化方向包括负载均衡、脉动阵列、减少冗余计算及降低计算复杂度等。

1. 负载均衡

由于图的不规则性，每个顶点的邻居顶点个数各不相同，使得在图神经网络的图遍历阶段中，每个顶点的任务量差异巨大，导致严重的负载不均衡。HyGCN 的图遍历加速引擎由若干个 SIMD Core 和边调度器组成。边调度器根据边表中的邻居顶点将邻居顶点向量的 Element-Wise 归约操作分配到不同 SIMD Core 的不同 lane 上。将不规则的计算平均分配到不同 lane 上实现负载均衡，并能够更好地挖掘边层次并行性和节点内并行性。如图 6-13 所示，GCNAR[15]提出的结构包含多个现场可编程门阵列(field programmable gate array，FPGA)节点。该工作将图卷积网络(dual attention graph convolutional networks, DAGCN)中的图卷积层均衡分配到各个 FPGA 节点中,即每个 FPGA 节点处理相同个数的图卷积层，从而保证每个 FPGA 节点的负载均衡。

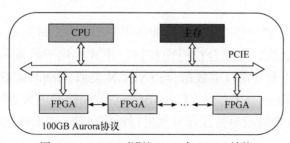

图 6-13　GCNAR[15]的 CPU-多-FPGA 结构

AWB-GCN[16]基于稀疏矩阵设计了加速图卷积网络的加速结构，并利用运行时动态负载调度机制实现稀疏矩阵不均衡负载重新分配。运行时动态负载调度机制包括三种运行时工作负载重新平衡的技术，即负载平滑分配技术(distribution smoothing)、负载远程交换技术(remote switching)，以及矩阵行重映射技术(row remapping)。负载平滑分配技术在每轮计算过程中实现邻居处理单元的负载均匀化。AWB-GCN通过跟踪处理单元任务队列(task queue，TQ)中的待处理任务数量，监控运行时的计算单元利用率信息，将待处理任务量大的处理单元负载分担给较空闲的邻居处理单元。负载远程交换技术通过在过载和较空闲处理单元(即利用率在波峰和波谷的处理单元)之间部分或完全交换负载的方式解决负载局部聚集问题。AWB-GCN将包含过多非零元素(出入度极大)的行称为邪恶行(evil row)。该行的负载无法通过上述两种技术在邻居间完美消化。矩阵行重映射技术在远程交换的基础上，对邪恶行负载进行重新映射。自动协调器负责判定是否需要进行行重映射，若需要，则将邪恶行的负载分配到最空闲的处理单元中，再通过邻居处理单元进行负载分担，从而实现全局负载均衡。通过以上三种策略，AWB-GCN连续监控稀疏矩阵实时运行信息，动态调整处理单元之间的负载分配，并在效果收敛后复用已取得的理想配置，解决图卷积网络中大规模幂律分布结构数据导致的处理单元之间负载不均衡的问题。

GNN-PIM[17]加速结构提出一种可重配的计算节点，可配置为对图顶点进行计算的点计算处理节点或对边进行计算的边计算处理节点。GNN-PIM根据图的拓扑分布情况，灵活地对计算节点进行配置，可以在一定程度上均衡负载。

2. 脉动阵列

对于图神经网络的 Combination 阶段的规则执行行为，受到 TPU[18]设计的启发，目前已有的图神经网络芯片结构通常采用脉动阵列执行 Combination 操作。

HyGCN 设计的神经网络引擎主要由多个小的脉动阵列和点调度器组成。该设计支持独立执行和联合执行两种执行模式，用于挖掘顶点间并行性和MVM 并行性，以及复用权重数据。与 HyGCN 类似，GraphACT[19]、GCNAR[15]、文献[20]、DeepBurning-GL[21]及 Cambricon-G[22]同样采用脉动阵列在图神经网络的神经网络变换阶段对特征和权重进行矩阵运算，以有效挖掘运算并行性，提高运算效率。

3. 减少冗余计算

GraphACT[19]通过预处理的方式，提前完成图中复用率较高的部分运算，从而去除邻居顶点的冗余归约操作，能够有效减少计算量，以及 CPU 与 FPGA 之间的通信开销。文献[20]同样采用预处理的方式，通过图稀疏化操作，合并公共邻居顶点，消除高出/入度顶点的边计算。其策略与 GraphACT 异曲同工。其不同点在于，GraphACT 应用于图神经网络的训练过程，文献[20]主要应用于推断过程，由于推断过程中整个图的冗余会比训练过程的 mini-batch 子图更多，因此该策略比文献[20]中的冗余消除效果和计算优化水平会更高。GCNAR[15]通过预处理消除图邻接矩阵中全零的行，并重新组织邻接矩阵，从而减少算法的计算量。

另外，文献[20]和 EnGN[23]分析图神经网络的编程模型，同时为图神经网络的每一层实现两种计算顺序，根据前后层的特征维度判断采用哪种执行模式，从而有效降低计算量。第一种计算顺序是先执行图聚合阶段，后执行图更新阶段。第二种计算顺序是先执行图更新阶段，后执行图聚合阶段。

4. 降低计算复杂度

FPGAN[24]在不损失精确度的情况下，通过简化模型的方法，降低图注意力网络的计算复杂度，减少对 FPGA 中数字信号处理器(digital signal processor，DSP)计算资源的需求，从而提升整体运算性能和效能。具体而言，首先 FPGAN 将原模型中的激活函数 leaky ReLu 简化为 ReLu。其次，通过特征量化步骤，将每层的输入特征和激活因子从浮点域转入定点域。再次，FPGAN 通过直接检索查找表(lookuptable，LUT)的方式近似模拟 SoftMax 函数中的 exp 操作。经过以上步骤，FPGAN 可将图注意力模型中的所有浮点乘法操作转换为移位操作，有效降低计算复杂度。另外，FPGAN 通过引入膨胀系数等方法保证模型的修改不会影响最终的推断精确度。在该优化方法的帮助下，单个计算单元仅需要少量硬件资源即可实现，从而削弱图注意力模型的执行性能对 DSP 的依赖，提高 FPGA 的资源利用率，提升模型的执行速度。

6.4.2　片上访存层次关键技术

不规则粗粒度访存导致的片上存储命中率低问题给图神经网络芯片的设计在片上存储层次带来极大挑战。目前主要的解决思路有两种。其一为采用大容量片上存储，并配合批量处理与数据分割等技术。其二为对图数据进行数据重排。这两种解决思路的目的是一致的，即深入挖掘粗粒度访存数据的空间局部性和时间局部性，尽可能减少片上数据的频繁替换。此外，还有一些方法通过优化图神经网络模型，压缩权重等模型参数数据，降低对片上存储空间的需求。

1. 大容量片上存储

该解决思路是常见的图神经网络芯片设计时片上存储层次的优化策略。HyGCN[1]、FPGAN[24]、GraphACT[19]、AWB-GCN[16]、文献[20]、文献[25]、DeepBurning-GL[21]、Cambricon-G[22]等均采用该方法，并配合相应的批量处理与数据分割等技术降低图神经网络中被不规则粗粒度访存的数据在片上和片外频繁替换的次数。

文献[25]分别在其结构中的不同模块中添加片上存储器来缓存不同类型的数据，从而挖掘数据的局部性。如图 6-14 所示，图处理单元(graph PE，GPE)设置片上存储器保存应用执行过程中的状态信息。深度神经网络队列(DNN queue，DNQ)设置两块存储区域，其中大容量片上存储器(62Kbit)，负责暂存队列数据和延迟准备信息，小容量片上存储器(2Kbit)负责存储路由相应的终点信息，大小容量片上存储器相互配合，为深度神经网络加速器和不同的深度神经网络模型提供运行支持。与 DNQ 相似的，在聚合单元(aggregator，AGG)中添加一对不同容量的片上存储器，其中大容量片上存储器(62Kbit)负责暂存聚合过程的中间结果，小容量存储器负责存储每个聚合顶点的目的地址信息，用于辅助控制逻辑。

GraphACT[19]利用 FPGA 上大容量的片上存储器 BRAM(block memory)存储图神经网络应用训练过程中的各类数据，包括顶点的特征向量、子图的拓扑数据、预处理数据、聚合过程的中间结果数据、梯度信息、模型权重数据、优化器辅助信息等。对于赛灵思 Alveo 开发板中的一块 BRAM(36bits×1K)，可以存储 1K 个不同顶点的特征数据(32bit 浮点数据)。同时，由于图神经网络的图顶点特征数据所需的空间巨大，片上存储空间无法完全容纳，因此 GraphACT 采用文献[26]中的方法，对图进行采样，获取 Minibatch。获取的 Minibatch 包含子图在当前层的完整负载。与完整的图负载相比，Minibatch 的数据信息能够更好地适应有限的片上存储空间。

文献[20]首先设计数据分割策略，在预处理的过程中将大规模图分割为若干小的邻接矩阵，通过选取适当的参数，每个数据子块都能够适配存储于 FPGA 的片上 BRAM 中。与上述各图神经网络芯片设计类似，其结构同样具

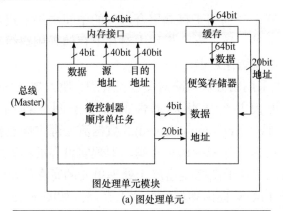

(a) 图处理单元

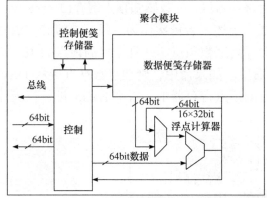

(b) 聚合单元

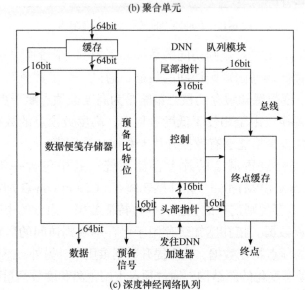

(c) 深度神经网络队列

图 6-14 文献[25]各模块结构图

备多种片上存储器，分别用于存储聚合过程的中间结果、权重矩阵、输出结果等相关数据。另外，还在聚合模块中对片上存储采用双缓冲技术，与数据分割技术配合来掩盖访存延迟。

EnGN[23]首先采用图分块策略对图进行处理，使大规模图经过划分，成为适合片上存储规模并最大化局部性的若干子图。同时，配合行导向(row-oriented)或列导向(column-oriented)的数据流处理方向选择，最大限度地重用片上的顶点数据，并减少访存开销。但现实世界的图数据规模巨大，仅采用图分块策略无法让子图完全适应于处理单元的寄存器堆尺寸，以及长延迟的访存，因此 EnGN 提出多层次的片上存储。如图 6-15 所示，每个处理单元的片上存储由寄存器堆、度数感知顶点缓存(degree aware cache，DAVC)和结果 banks 组成。上述三者依次作为一级、二级和三级片上存储。DAVC 的空间全部用作缓存高度数顶点，并且用目的顶点的 ID 作为行标签，以确定在 DAVC 是否命中。如果命中，则顶点数据直接从 DAVC 中读出，并送往处理单元中的目的顶点寄存器中，否则 EnGN 进行三级片上访存。

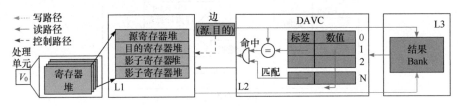

图 6-15　EnGN[23]的三级片上存储结构

DeepBurning-GL[21]对规则访问的数据和不规则访问的数据进行区分，使用常规的片上存储器存储规则访问的数据，通过一个度数感知缓存存储不规则访问的数据。度数感知缓存的核心策略是为高度数顶点赋予更高的优先级，不会被频繁地替换。由于相较于低度数顶点，高度数顶点的数据被重用的可能性更大，因此该策略能够有效提升片上数据的重用率。

Cambricon-G[22]设置混合的片上存储系统，其中包含一组便笺存储器(scratchpad memory, SPM)和一个拓扑感知缓存。Cambricon-G 加速结构中共有三块 SPM 用于保存规则访存的数据，即边特征数据、顶点的中间或输出特征数据，以及权重数据。拓扑感知缓存用于保存不规则访问的数据，即每层图神经网络输入的顶点特征数据，从而提升数据重用率。另外，感知拓扑的意义在于能够应对动态变化的图结构，通过顶点重用距离和度数衡量顶点的拓扑，从而实现不同的数据替换策略。

2. 图数据重排序

图数据重排序的核心思想是在数据分割的基础上，通过将邻居顶点进行分组和序号重排，使邻居顶点分布在同一个分块中，提升图数据的局部性及片上数据的重用率。

文献[20]在预处理的过程中，首先对图数据进行稀疏化处理，即去除冗余边。然后，对稀疏化的图数据进行重排序处理。具体而言，原始图中每个顶点的序号都是随机的，由于在聚合阶段，每个顶点需要聚合所有邻居顶点的信息，因此在重排序的过程中，将顶点根据邻接关系进行分组和重排。以图 6-16 为例，在原始的图分布中，顶点随机排布，经过稀疏化处理后的图 G' 中，虽然 2、3、4 号顶点构成一个完整子图，但在邻接矩阵 A 中，这三个顶点落在不同的分块中，导致片上资源不能得到充分利用，并引发更多的片外访存。经过重排序预处理，G' 中的 2、3、4 号顶点在重排形成的图中变为 1、2、3 号顶点。如此操作后，这三个顶点特征的传播和聚合过程都能在同一个邻接矩阵子块中完成。上述过程通过采用文献[27]中提出的带宽压缩算法 (bandwidth reduction algorithm, BRA) 实现。数据重排序的方法能够将邻接顶点进行分组重排，从而提升片上存储资源的重用率。

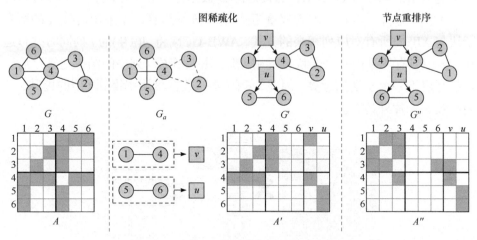

图 6-16　文献[20]的图数据预处理过程举例

3. 降低片上存储需求

FPGAN[24]通过压缩模型权重的方式，降低图注意力网络对片上存储空间的需求，使有限的片上存储能够承载规模更大的模型。压缩权重的过程分为两个步骤，首先通过压缩算法将浮点权重转换为一组由零或 2 的幂次方组成的定点数，然后参照一系列的规则进行数值编码。此过程计算精确度缺失，若缺失过大则需要进行重新训练，并重复上述步骤。通过数值转换和编码，可使用更小的空间存储权重数据，降低对片上存储空间的需求。

6.4.3　片外访存层次关键技术

与片上存储层次相似，图神经网络芯片设计在片外存储层次遇到的挑战仍然是片外存取效率低、带宽利用率低等。这都是在该层次需要解决的核心问题。目前主要的解决思路包括基于特定的图数据划分方法提高预取效率和数据重用率，利用稀疏性消除、动态访存调度、数据结构重组提高带宽利用率，通过操作融合减少访存带宽需求等。

1. 图数据划分

为了提高片外带宽的利用率，HyGCN 借鉴区间和块的抽象概念对图神经网络中的图数据进行划分。每个区间的顶点序号连续，在片外顺序存储，因此这些顶点的特征向量可以被连续读入输入缓存，有效提升带宽利用率。

AWB-GCN[16]采用矩阵分块的优化方式提升数据的局部性，减少外存的访存带宽需求。如图 6-17 所示，邻接矩阵 A 被划分为多个子块，对于邻接矩阵 A 与 $XW(X$ 为特征矩阵，W 为权重矩阵)的矩阵乘运算，不采用矩阵 A 的所有子块与 XW 的所有对应列相乘的方式，AWB-GCN 将 $A(XW)$ 的 t 列同时并行运算。A 中只有等到前一个子块被重用 t 次，并且完成 t 列中间结果运算之后，才能开启下一个子块的运算。因此，矩阵 A 的数据重用率得到 t 倍的提升，从而有效减少片外访存。

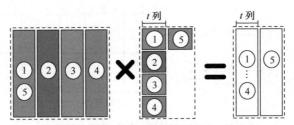

图 6-17　AWB-GCN[16]的矩阵分块策略(序号代表执行顺序)

Cambricon-G[22]提出一种名为邻接立方体的新型结构存储图数据。邻接立方体将传统的 2D 邻接矩阵扩展到 3D 空间，每个维度分别代表源顶点(src)、目的顶点(dst)和顶点的特征(feat)。邻接立方体根据片上存储空间，被划分为若干小方块(cubelet)。Cambricon-G 提出多维度时间分块策略，分别从邻接立方体的三个维度进行子块划分，同时实现不同的数据重用，即 feat 维度划分可实现子块间的图拓扑(即源顶点和目的顶点之间的边形成的 2D 邻接矩阵)重用；dst 维度划分可实现相同源顶点所需的顶点数据在不同子块间重用；src 维度划分可实现顶点特征聚合的中间值重用。另外，对于动态变化的图来说，当需要新增/删除边时，仅需对与之相关的子块进行数据搬移。上述策略能够尽可能地挖掘图的局部性，有效提升数据重用率，降低片外访存带宽需求。

2. 稀疏性消除

图神经网络的图数据分布具有很强的稀疏性特征，导致很多无用的片外访存行为。HyGCN、GraphACT 和文献[20]均采用设计消除图稀疏性的方法减少片外访存。

HyGCN 基于窗口滑动收缩的稀疏性消除机制详见 6.3.4 节。GraphACT 和文献[20]同样设计图数据稀疏性消除机制，并将该机制的实现作为数据预处理的其中一个步骤。其主要思想是通过消除图中的冗余边来消除稀疏性，同时保证不影响最终的处理结果。文献[20]同样采用 GraphACT 提出的冗余缩减方法消除边的冗余。该方法与 6.4.1 节减少冗余计算方法是相同的，通过减少冗余边，不但能够优化计算，而且能有效减少冗余的片外访存需求。图 6-16 所示为文献[20]的稀疏化与处理过程的简单示例。对于图 G，首先枚举每个顶点的邻居对，例如 1 号顶点有邻居 4、5、6 号顶点，即枚举 1 号顶点的邻居对为(4,5)、(4,6)、(5,6)。其中，(5,6)邻居对是被 1 号和 4 号顶点共享的邻居对。类似地，G 图中共有(1,4)和(5,6)两个共用邻居对。然后，将共用邻居对替换为新的顶点 u 和 v，将 u 和 v 分别与特征向量 $\frac{1}{2}(X(5)+X(6))$ 和 $\frac{1}{2}(X(1)+X(4))$ 连接。最后，合并新顶点，删除冗余的边，形成新图 G'。此外，还可通过多个迭代，反复执行这一过程进一步减少冗余。

3. 动态访存调度

在实际的应用场合中，HyGCN 的图遍历引擎和神经网络引擎需要的片外带宽因图神经网络模型的不同而不同，因此很难在设计阶段确定两个引擎之间的内存带宽比率。此外，片外存储系统的分离会增加配置开销，浪费带宽。因此，HyGCN 使用统一片外存储为两个引擎供应数据。为了协调两个引擎之间的片外访存，HyGCN 设计基于优先级的动态内存调度。图遍历引擎从片外读取边数据和输入特征向量。神经网络引擎从片外读取的为权重，写入片外的数据为输出向量。这些数据的片外访存请求会同时进行，访存地址的不连续导致 DRAM 的行缓存命中率低。为了解决此问题，HyGCN 预定义了访问优先级，根据访存优先级重新组织这些不连续的请求。该优先级的设定由处理顶点所需数据的顺序决定。然后，数据的访问请求逐批执行。因此，当前批处理中的低优先级访问将在下一批高优先级访问之前进行处理，而不是始终先进行高优先级访问。通过改进的连续性，可以显著提高 DRAM 行缓存的利用率，改善片外访存行为。同时，为了配合上述批处理数据请求，还利用双缓存(double buffer)来存储上述数据，然后重新映射这些访存请求的地址，以使用访存地址的低位对 DRAM 的 Channel 和 Bank 进行索引，从而可以进一步利用 Channel 和 Bank 的并行性。

4. 数据结构重组

针对现实图数据的稀疏性问题，FPGAN[24]提出一种数据结构重组的策略，在表示图结构的传统邻接列表基础上，对图数据进行向量化和对齐处理，从而实现更加高效的数据片外访存。图 6-18 展示了顶点数据实施该策略时的一个示例。其中矩阵的每一行代表一个顶点的特征向量，NV 为顶点向量的尺寸，FV 为顶点的特征向量长度。为了能让行数被 NV 整除，以及列数被 FV 整除，该工作对矩阵向右和向下进行填充零的操作。图中的方向代表数据是从左向右，以及从上到下进行向量化的。该策略完成后的输出是一个一维数组，每个向量块的大小为 next_power_of_2(NV*FV)，其中 next_power_of_2(v)计算的数值大于等于 v，并且是 2 的最小次方，以此对齐数据。除了顶点特征向量之外，该策略还支持权重数据、邻接列表的编号等数据。

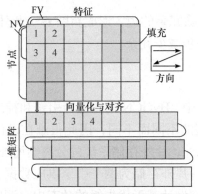

图 6-18   FPGAN[24]的数据结构重组策略示意图

5. 操作融合

对于复杂的自注意力机制，FPGAN[24]通过操作融合的方式剔除存储同步过程，从而节省片外访存带宽。具体而言，FPGAN 将图注意力网络的每一层拆分为特征聚合和线性转换两个阶段，将自注意力机制拆分为计算和归一化注意力系数两个步骤。FPGAN 首先通过将自注意力机制中的共享权重 a 拆分为用于中心顶点的权重 a_1 和用于相邻顶点的权重 a_2 来修改注意力系数的计算方式。然后，将注意力系数的计算过程映射入线性转换阶段，将注意力系数的归一化映射入特征聚合阶段。上述过程完成自注意力机制与通用图注意力网络两阶段的操作融合，可以剔除自注意力机制中的存储同步过程，降低片外访存带宽需求。

6. 存内计算

GNN-PIM[17]是首款为图神经网络应用定制的存内计算加速结构，利用ReRAM 实现存内计算。如图 6-19 所示，GNN-PIM 加速结构由多个节点簇构成，每个节点簇由若干用于顶点或边处理的节点组成，而每个节点中同时包含计算单元和存储单元，存内计算的设计缩短计算单元与存储单元之间的距离，并能提供更多的空间用于存储图数据。同时，为高效进行节点间的数据交互，GNN-PIM 设计分层片上网络(network on chip，NoC)实现节点簇之间及节点簇内部节点之间的通信，为数据传输提供更高的带宽。另外存内计算的设计还能为访存带宽带来更多可扩展性空间。

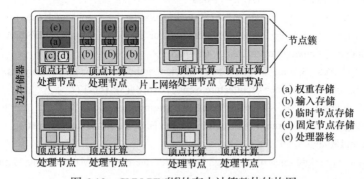

图 6-19　GNN-PIM[15]的存内计算整体结构图

6.5　本 章 小 结

本章依次对芯片设计艺术、图神经网络算法到芯片的映射关系与图神经网络芯片的设计方法进行介绍，并以 HyGCN 为具体实例，对相关设计思想进行深入地讲解。最后，对目前主流的图神经网络加速结构的可用关键优化技术进行分类总结。本章从理论到实践，系统地让读者了解图神经网络芯片的设计思想与方法。

参 考 文 献

[1] Yan M, Deng L, Hu X, et al. Hygcn: a GCN accelerator with hybrid architecture//IEEE International Symposium on High Performance Computer Architecture, 2020: 15-29.

[2] Hennessy J L, Patterson D A. A new golden age for computer architecture. Communications of the ACM, 2019, 62(2): 48-60.

[3] Ham T J, Wu L, Sundaram N, et al. Graphicionado: a high-performance and energy-efficient accelerator for graph analytics//The 49th Annual IEEE/ACM International Symposium on Microarchitecture, 2016: 1-13.

[4] Kyrola A, Blelloch G, Guestrin C. Graphchi: large-scale graph computation on just a PC//The 10th USENIX Symposium on Operating Systems Design and Implementation, 2012: 31-46.

[5] Chi Y, Dai G, Wang Y, et al. Nxgraph: an efficient graph processing system on a single machine//2016 IEEE 32nd International Conference on Data Engineering, 2016: 409-420.

[6] Zhang Z, Zhu Z C, Zhang X D. A permutation-based page interleaving scheme to reduce row-buffer conflicts and exploit data locality//Proceedings of the 33rd Annual ACM/IEEE Int Symp on Microarchitecture, 2000: 32-41.

[7] Kim Y, Yang W, Mutlu O. Ramulator: a fast and extensible DRAM simulator. IEEE Computer Architecture Letters, 2015, 15(1): 45-49.

[8] Wilton S J E, Jouppi N P. CACTI: an enhanced cache access and cycle time model. IEEE Journal of Solid-State Circuits, 1996, 31(5): 677-688.

[9] Yan M, Hu X, Li S, et al. Alleviating irregularity in graph analytics acceleration: a hardware/software co-design approach//Proceedings of the 52nd Annual IEEE/ACM International Symposium on Microarchitecture, 2019: 615-628.

[10] Ozdal M M, Yesil S, Kim T, et al. Energy efficient architecture for graph analytics accelerators. ACM SIGARCH Computer Architecture News, 2016, 44(3): 166-177.

[11] Villa O, Johnson D R, Oconnor M, et al. Scaling the power wall: a path to exascale//Proceedings of the International Conference for High Performance Computing, Networking, Storage and Analysis, 2014: 830-841.

[12] O'Connor M. Highlights of the high-bandwidth memory(HBM) standard//Memory Forum Workshop, 2014: 28.

[13] Jouppi N P, Young C, Patil N, et al. In-datacenter performance analysis of a tensor processing unit//Proceedings of the 44th Annual International Symposium on Computer Architecture, 2017: 1-12.

[14] Fey M, Lenssen J E. Fast graph representation learning with PyTorch Geometric. https://arxiv.org/pdf/1903.02428.pdf[2019-02-21].

[15] Cheng Q, Wen M, Shen J, et al. Towards a deep-pipelined architecture for accelerating deep GCN on a multi-FPGA platform//International Conference on Algorithms and Architectures for Parallel Processing, 2020: 528-547.

[16] Geng T, Li A, Shi R, et al. AWB-GCN: a graph convolutional network accelerator with runtime workload rebalancing//Proceedings of the 53rd Annual IEEE/ACM International Symposium on Microarchitecture, 2020: 922-936.

[17] Wang Z, Guan Y, Sun G, et al. GNN-PIM: a processing-in-memory architecture for graph neural networks//Conference on Advanced Computer Architecture, Singapore, 2020: 73-86.

[18] Jouppi N P, Young C, Patil N, et al. In-datacenter performance analysis of a tensor processing unit// Proceedings of the 44th Annual International Symposium on Computer Architecture, 2017: 1-12.

[19] Zeng H, Prasanna V. Graphact: accelerating GCN training on CPU-FPGA heterogeneous platforms//The 2020 ACM/SIGDA International Symposium on Field-Programmable Gate Arrays, 2020: 255-265.

[20] Zhang B, Zeng H, Prasanna V. Hardware acceleration of large scale GCN inference// 2020 IEEE 31st International Conference on Application-specific Systems, Architectures and Processors, 2020: 61-68.

[21] Liang S, Liu C, Wang Y, et al. Deep burning-GL: an automated framework for generating graph neural network accelerators//IEEE/ACM International Conference on Computer Aided Design, 2020: 1-9.

[22] Song X K. Cambricon-G: a polyvalent energy-efficient accelerator for dynamic graph neural networks//IEEE Transactions on Computer-Aided Design of Integrated Circuits and Systems, 2021: 822-846.

[23] Liang S, Wang Y, Liu C, et al. EnGN: a high-throughput and energy-efficient accelerator for large graph neural networks. IEEE Transactions on Computers, 2020, 70(9): 1511-1525.

[24] Yan W, Tong W, Zhi X. FPGAN: an FPGA accelerator for graph attention networks with software and hardware co-optimization. IEEE Access, 2020, 8: 171608-171620.

[25] Adam A, Matthew T. Hardware acceleration of graph neural networks//2020 57th ACM/ IEEE Design Automation Conference, 2020: 3546-3553.

[26] Zeng H, Zhou H, Srivastava A, et al. Accurate, efficient and scalable graph embedding// 2019 IEEE International Parallel and Distributed Processing Symposium, 2019: 462-471.

[27] Chen J, Zhu J, Song L. Stochastic training of graph convolutional networks with variance reduction. https://arxiv.org/pdf/1710.10568[2020-08-01].

第 7 章 图智能芯片的发展与展望

本章以图智能加速结构设计为主线,从基础的图结构数据和图智能算法的发展趋势出发,对图智能芯片的未来发展方向进行展望。

7.1 图结构数据

在信息爆炸式增长的互联网大数据时代,为更好地服务现实应用场景,图结构数据也一直在不断地发展。下面从图结构数据的规模和种类两方面对其发展趋势进行展望。

1. 规模

实际应用场景中的真实图规模往往非常大。据统计,阿里巴巴的用户产品图在 2018 年时达到 10 亿用户与 20 亿产品的规模[1];脸书的数据图在 2015 年时包含超过 20 亿顶点表示的用户,以及超过万亿条边表示的用户间的好友、点赞等不同的关系[2];拼趣(Pinterest)网站在 2018 年已达到超过 20 亿顶点和 170 亿条边的规模[3]。从用户角度看,随着时间的推移,这些场景中的用户量不断增加,资源量不断扩充,使得现实世界的图结构数据规模也持续增大。另外,从应用的开发和研究者的角度看,例如电商领域为更加满足客户的购买需求并有效提升客户体验,不断丰富语料库抽取和学习更多知识从而提供更精准的客户服务[4]。图数据的超大规模为图智能算法的适用性和图智能硬件的算力等方面都带来极大挑战。在未来的研究中,如何应对超大规模图数据进行图智能处理仍将是热点问题。

2. 种类

除了数据规模不断扩增,复杂的现实场景也催生了各种不同类型的图结构。例如,现实生活中相对同质图,异质图(heterogeneous graph)是更为常见的图结构,异质图中的顶点和边可以有多种不同的类别,且顶点相连关系更为复杂,但数据表达能力更强,适用场景更广。多维图是另一个常见的传统图结构变种。多维图中每个顶点之间具有多重边,用来表示实体间的多种关系，适配更为复杂的应用场景。不同的图结构变种包含的复杂而丰富的语义信息给图神经网络等图智能算法带来巨大挑战，尽管已有若干在原始图神经网络算法基础上针对异质图[5-7]、多维图[8-10]等变种进行扩展的算法被提出，但是该领域的研究空间仍很广阔，且尚无高效支持变种图结构处理的加速结构出现。

7.2　图智能算法

现实场景的变化与认知智能时代的发展需求均对图智能算法提出更多挑战，下面从适用性、可解释性和认知能力三个方面对图智能算法的发展方向进行展望。

1. 适用性

随着研究的不断深入，图智能算法被期望能够应用于更多的现实场景，并达到可接受或更优的性能。现实场景的多样化和复杂性为图智能算法的发展提出更多的要求与挑战。例如，目前大多图智能算法只支持静态图，即在处理过程中图结构不发生变化，但现实应用场景中，经常需要在数据处理的同时对图结构或网络结构进行改变[11-13]，高效应对动态图的智能算法研究仍是目前的研究热点。对于图神经网络而言，尽管更深的网络能够增强算法的表达能力，获取更好的效果，但由于层数加深会带来过度平滑等问题[14]，目前大多支持算法只能支持较浅的网络层数。尽管目前有一些相关算法[15-17]，但其仍将是限制图神经网络算法发展的主要因素之一。总之，在应用场景和需求不断升级的背景之下，如何让图智能算法具有更强的适用性，更有效地应对复杂变化是值得从业者和研究人员深入思考的问题。

2. 可解释性

难以提供可解释性是包括深度学习在内的诸多传统人工智能算法备受诟病的问题。随着人工智能技术的不断革新，人们对其应用的期望和需求已逐渐从单纯获取结果向"为什么"会有这样的结果转变。可解释性指算法与人们预测结果的一致性程度[18]，可解释性为智能算法的判定结果提供可靠证明，是保障其有效性的重要依据。然而，许多复杂的人工智能模型仅支持黑箱操作[19]，无法有效提供可解释性。图神经网络等图智能算法的执行模式为可解释性带来更多的便利与可能，目前已在图智能算法领域产出少量可解释性方法的成果[20,21]，但仍处于初级不成熟的阶段，未来对图智能进行可解释性研究将成为一个热点。

3. 认知能力

人工智能正处于从感知智能向认知智能迈进的阶段，而相关领域从业人员也对图智能算法形成更加完善的认知能力寄予厚望。在认知智能时代，单纯从数据中学习分布表示已非关注焦点，而从数据中获取知识解释数据语义等具有更高的研究和应用价值。认知图谱是此背景之下的典型产物之一。认知图谱的因果推理能力与图神经网络具备的强大学习能力相结合，有望快速推动智能算法认知能力的形成和提升。另外，目前针对类脑智能算法的研究方兴未艾，类脑智能受人脑工作模式的启发，通过计算处理等方式，力求计算机能在通用领域达到与人脑可匹敌的智能水平[22]。目前，类脑智能的研究仍不成熟，相信对类脑的深入研究和不断发展将为图智能算法认知能力的形成带来极大的帮助。

7.3　图智能芯片

在对图结构数据和图智能算法发展趋势分析的基础上，本节从通用性、可扩展性、硬件资源供给和专用模拟器这四个方面对图智能芯片设计的发展方向进行展望。

1. 通用性

为了解决更多图智能相关的问题，支持新种类的图数据，图智能加速结构应具有一定的通用性。尽管图智能算法已取得大量研究成果，但目前针对图智能领域的加速结构研究尚属新兴方向。已有的图智能加速结构大多只支持单一种类的图智能算法和单一种类的图结构数据，无法灵活地支持和适应快速变化的应用场景及数据种类。处理这些不同的场景及数据时，其内部潜藏着相似之处与复杂联系，如何设计能够同时高效支持这些应用并有效适应场景和数据类型变化的通用图智能加速结构，是非常具有吸引力和应用前景的。

2. 可扩展性

随着大数据时代图结构数据规模的不断上升,图神经网络应用对计算资源的需求也随之提高，单节点将难以高效执行超大规模图神经网络应用。其算力甚至无法支持运行的需求，因此设计可扩展的多节点加速系统势在必行。此外，多节点加速结构应该具有可拓展性，既能集合少量的子系统处理轻量的图智能处理任务，也能集合大量的子系统处理大型任务，以满足提供不同服务的需求。同时，在节点的拓展过程中，不同节点间如何高效通信、如何实现线性的性能增长也是值得思考和研究的问题。目前学术界和工业界尚未有该类成果问世。相信不久的未来，该方向会成为图智能芯片的研究热点。

3. 硬件资源供给

超大规模的数据及不断变化的应用需求为图智能芯片设计的硬件资源基础环节同样带来极大挑战。一方面，亟需一种高效的数据传输方案或者高速的通信接口连接多节点加速结构的各个子系统。同时，单节点系统内还存在 DRAM 存储资源有限、片上储存资源有限和计算资源有限等问题。无论是单一节点，还是实现多个乃至上百个子系统互联，建立更大型的图计算加速系统，提供更多的硬件资源对图智能芯片的高效执行都是非常有必要的。另一方面，诸如类脑智能等新兴图智能应用领域对芯片使用的硬件材料也提出更高的要求。基于纳米技术制造新型器件用于适配脑科学相关操作都是亟需进行革新和深入研究的问题。因此，对于图智能芯片的硬件材料革新和资源供给等也将成为热门研究方向。

4. 专用模拟器

为了对图智能加速结构的设计空间进行探索以及进行前期架构的验证，实现架构的模拟是行之有效且尤为重要的途径。图智能应用执行行为极为复杂，同时图数据规模的不断增大和加速器架构模拟细节的增加，对加速结构的模拟带来很多难题。因此，为图智能加速结构定制模拟器的同时，加速模拟也尤为重要。除此之外，目前不存在能够完美支持所有图智能应用的加速结构，因此图智能加速结构的模拟器还应该具有一定的可配性，能够基于需求配置用于探索各种可能性的图智能加速结构。具有一定可配性的图智能加速结构模拟器必将大大促进整个图智能加速结构研究社区的发展。因此，结合图智能应用的执行行为和图数据的特征提升图智能加速结构模拟器的模拟速度，以及设计可配置的图智能加速结构模拟器也将是未来热门的研究方向。

7.4 本章小结

本章从图结构数据、图智能算法，以及图智能芯片三个角度对图智能加速结构研究方向进行展望，为广大读者提供未来的研究思路。图智能应用作为推动认知智能时代发展的重要应用，具有极高的研究价值与产业前景。

相信本书的内容能够鼓舞更多的研究人员投身图智能芯片设计工作，促进该领域更快、更好地发展。

参 考 文 献

[1] Wang J, Huang P, Zhao H, et al. Billion-scale commodity embedding for e-commerce recommendation in alibaba//Proceedings of the 24th ACM SIGKDD International Conference on Knowledge Discovery & Data Mining, 2018: 839-848.

[2] Ching A, Edunov S, Kabiljo M, et al. One trillion edges: graph processing at facebook-scale. Proceedings of the VLDB Endowment, 2015, 8(12): 1804-1815.

[3] Ying R, He R, Chen K, et al. Graph convolutional neural networks for web-scale recommender systems//Proceedings of the 24th ACM SIGKDD International Conference on Knowledge Discovery & Data Mining, 2018: 974-983.

[4] 杨红霞，周靖人. 认知图谱的研究与电商实践. 中国计算机学会通信, 2020, 16(8):23-31.

[5] Zhang C, Song D, Huang C, et al. Heterogeneous graph neural network//Proceedings of the 25th ACM SIGKDD International Conference on Knowledge Discovery & Data Mining, 2019: 793-803.

[6] Wang X, Ji H, Shi C, et al. Heterogeneous graph attention network//The World Wide Web Conference, 2019: 2022-2032.

[7] Linmei H, Yang T, Shi C, et al. Heterogeneous graph attention networks for semi-supervised short text classification//Proceedings of the 2019 Conference on Empirical Methods in Natural Language Processing and the 9th International Joint Conference on Natural Language Processing, 2019: 4823-4832.

[8] Ma Y, Wang S, Aggarwal C C, et al. Multi-dimensional graph convolutional networks// Proceedings of the 2019 SIAM International Conference on Data Mining, 2019: 657-665.

[9] Khan M R, Blumenstock J E. Multi-GCN: graph convolutional networks for multi-view networks, with applications to global poverty//Proceedings of the AAAI Conference on Artificial Intelligence, 2019, 33(1): 606-613.

[10] Sun Y, Bui N, Hsieh T Y, et al. Multi-view network embedding via graph factorization clustering and co-regularized multi-view agreement//2018 IEEE International Conference on Data Mining Workshops, 2018: 1006-1013.

[11] Du L, Wang Y, Song G, et al. Dynamic network embedding: an extended approach for skip-gram based network embedding//Proceedings of International Joint Conference on Artificial

Intelligence, 2018: 2086-2092.

[12] Nguyen N P, Dinh T N, Xuan Y, et al. Adaptive algorithms for detecting community structure in dynamic social networks//IEEE International Conference on Computer Communications, 2011: 2282-2290.

[13] Zhou L, Yang Y, Ren X, et al. Dynamic network embedding by modeling triadic closure process//Proceedings of the AAAI Conference on Artificial Intelligence, 2018, 32(1): 571-578.

[14] Liu Z, Zhou J. Introduction to graph neural networks. Synthesis Lectures on Artificial Intelligence and Machine Learning, 2020, 14(2): 101-127.

[15] Li R, Wang S, Zhu F, et al. Adaptive graph convolutional neural networks//Proceedings of the AAAI Conference on Artificial Intelligence, 2018: 3546-3555.

[16] Chiang W L, Liu X, Si S, et al. Cluster-GCN: an efficient algorithm for training deep and large graph convolutional networks//Proceedings of the 25th ACM SIGKDD International Conference on Knowledge Discovery & Data Mining, 2019: 257-266.

[17] Li G, Muller M, Thabet A, et al. DeepGCNs: can GCNs go as deep as CNNs//Proceedings of the IEEE/CVF International Conference on Computer Vision, 2019: 9267-9276.

[18] Kim B, Koyejo O, Khanna R. Examples are not enough, learn to criticize! Criticism for Interpretability//Proceedings of Neural Information Processing Systems, 2016: 2280-2288.

[19] 胡琳梅, 杨天持, 石川. 基于图神经网络的知识图谱研究进展. 中国计算机学会通信, 2020, 16(8): 38-48.

[20] Ying R, Bourgeois D, You J, et al. GNNexplainer: generating explanations for graph neural networks. Advances in neural information processing systems, 2019, 32: 9240.

[21] Yuan H, Tang J, Hu X, et al. XGNN: Towards model-level explanations of graph neural networks//Proceedings of the 26th ACM SIGKDD International Conference on Knowledge Discovery & Data Mining, 2020: 430-438.

[22] 曾毅, 刘成林, 谭铁牛. 类脑智能研究的回顾与展望. 计算机学报, 2016, 39(1): 212-222.